Querschnitte durch das Gebiet der Werkstoff-Prüfung und -Forschung

Herausgegeben vom

Präsidenten des Staatlichen Materialprüfungsamts Berlin-Dahlem

Mit 132 Abbildungen

(Ausgegeben am 12. August 1937)

Mitteilungen der deutschen Materialprüfungsanstalten, Sonderheft XXXII
Staatliches Materialprüfungsamt Berlin-Dahlem

Springer-Verlag Berlin Heidelberg GmbH
1937

ISBN 978-3-642-98918-6   ISBN 978-3-642-99733-4 (eBook)
DOI 10.1007/978-3-642-99733-4

Inhalt

	Seite
Einführung vom Präsidenten des Staatlichen Materialprüfungsamtes Berlin-Dahlem	1
E. Kindscher. Grenzflächenfragen und ihre Bedeutung für die Technik	2
W. Haase und G. Richter. Knochenbrüche, beurteilt nach den Grundsätzen und Erkenntnissen der technischen Mechanik	19
O. Bauer. Gedanken über die Konstitutionsforschung der Metalle und Legierungen	35
A. Lambertz. Werkstoff-Forschung und Physik	39
O. Werner. Entwicklung der chemischen, physikalisch-chemischen und physikalischen Prüfverfahren in ihrer Anwendung auf die Metallkunde	41
R. Nitsche und E. Salewski. Dauerwärme-Beständigkeit nichtgeschichteter Kunstharz-Preßstoffe	43
A. Hummel. Vom Kriechen oder Fließen des erhärteten Betons und seiner praktischen Bedeutung	55
W. Kuntze. Einfluß ungleichförmig verteilter Spannungen auf die Festigkeit von Werkstoffen	63
W. Kuntze und W. Lubimoff. Gesetzmäßige Abhängigkeit der Biegewechselfestigkeit von Probengröße und Kerbform	73
W. Kuntze. Einfluß des durch die Gestalt erzeugten Spannungszustandes auf die Biegewechselfestigkeit	79
W. Kuntze. Gestaltliche Gefügebeschreibung als aussichtsreiche Grundlage der mechanischen Werkstoffbeurteilung	85

Einführung

vom Präsidenten des Staatlichen Materialprüfungsamts Berlin-Dahlem

In den zahlreichen Abteilungen und Instituten eines so vielseitigen Werkstoff-Prüfamts, wie des Staatlichen Materialprüfungsamts Berlin-Dahlem, werden nahezu sämtliche Arten von Werkstoffen, Werkstücken und Konstruktionen unter Heranziehung aller zweckdienlichen wissenschaftlichen Arbeitsweisen — die von der Physik, Chemie, Metallographie, Mineralogie, Biologie usw. geboten werden — technisch-praktisch untersucht und begutachtet, auch mit dem Ziel, Unterlagen für Normungen zu gewinnen. Die planmäßige Abstimmung der Arbeitsgebiete der einzelnen Abteilungen und Institute aufeinander, rücksichtlich ihrer organischen Gestaltung zu einem in wissenschaftlicher und praktischer Hinsicht einheitlichen Ganzen, zeigt der Aufbau des Staatlichen Materialprüfungsamts Berlin-Dahlem[1].

Eine allgemein-wissenschaftliche Grundlage, die die Voraussetzung für fruchtbare Betrachtungen dieser Art ist, ist nunmehr mit der „Systematik Bleibender Formänderungen" gegeben[2].

Diese behandelt hauptsächlich folgende Punkte:

die für die Lösung des Problems grundlegend in Betracht kommenden Umstände;

die „Systematik Bleibender Formänderungen" als Gegenstück zur Elastizitätslehre;

die für eine solche Systematik notwendigen Arbeitshypothesen:
  das „Formungsprinzip",
  das „Individualprinzip";

eine besondersartige Einteilung der Körper für die Behandlung von Verformungsfragen.

Schließlich werden in Stichworten die hauptsächlichen allgemein-wissenschaftlichen und praktischen Ergebnisse dieses Problems zusammengefaßt, nämlich:

Reihenfolge der die Formänderung bestimmenden Umstände, geordnet nach der Größe ihres Einflusses;

Richtlinien für einen planmäßigen Aufbau technischer Körper.

Wie auf jedem Gebiete wissenschaftlichen und praktischen Wirkens, so ist es von Zeit zu Zeit auch für die Werkstoff-Forschung von großer Wichtigkeit, sich einen Überblick zu verschaffen. Dies gilt für das auf einem einzelnen Gebiete der Werkstoff-Prüfung und -Forschung Erreichte, die augenblickliche Stellung der verschiedenen Gebiete zueinander und die Beziehungen derselben zu solchen Nachbargebieten, die zwar landläufig nicht unmittelbar zur Werkstoff-Forschung gerechnet werden, die dieser aber wertvolle Anregungen geben oder solche von ihr empfangen können.

Erst derartige Überblicke zeigen die Stellen der wissenschaftlichen Front, an denen der Kampf um die Erkenntnis schwieriger ist, und die deshalb nicht mit benachbarten Frontabschnitten Schritt gehalten haben; sie lassen aber auch die etwa vorhandenen Möglichkeiten erkennen, solchen Frontabschnitten die Erkenntnis-Gewinne der Nachbarn zugute kommen zu lassen.

Von diesem Standpunkt aus betrachtet, erschien es sinnvoll, in diesem Heft eine Reihe entsprechender Arbeiten und Gemeinschafts-Arbeiten der Abteilungen oder Institute des Staatlichen Materialprüfungsamts Berlin-Dahlem mit andern Forschungsstätten zu vereinigen. Diese Arbeiten sind — als ein erster Versuch in dieser Hinsicht — zunächst einmal nur so zusammengestellt, wie sie sich aus den Aufgaben-Erledigungen der letzten zwei Jahre ergaben.

---

[1] Mitt. dtsch. Mat.-Prüf.-Anst. Sonderheft 31. Berlin: Julius Springer 1937

[2] Zum erstenmal vorgetragen im DVM, Hauptversammlung November 1936; weiter durchgearbeitet veröffentlicht im Sonderheft 33a der „Mitt. dtsch. Mat.-Prüf.-Anst."; im Sonderheft 33b im einzelnen belegt durch Stellungnahme der einzelnen fachwissenschaftlichen Abteilungen und allgemein-wissenschaftlichen Institute dieses Amts

Grenzflächenfragen und ihre Bedeutung für die Technik
Von E. Kindscher

Im Verlaufe der letzten Jahre wurde das Interesse der auf technisch-wissenschaftlichem Gebiete tätigen Chemiker und Ingenieure in steigendem Maße auf gewisse Vorgänge physiko-chemischer Art gelenkt, die sich bei der Vereinigung fester Körper mit organischen Bindemitteln an der Grenzfläche dieser festen Körper gegen das Bindemittel abspielen. Solche Bindemittel sind im allgemeinen bei Zimmerwärme oder auch bei höherer Temperatur leicht- bis zähflüssig (flüssige Stoffe — wie fette Öle — Quellungen, Emulsionen, Lösungen, Schmelzflüsse) und verfestigen sich z. B. beim Abkühlen, durch Verdampfen von Lösungsmitteln, durch Oxydation oder in anderer Weise; hierdurch vermögen sie, in flüssigem Zustande und dünner Schicht zwischen feste Körper gebracht, diese — unter der Voraussetzung guter Benetzung — zu einem Ganzen zu vereinigen. Am sinnfälligsten kommt die Auswirkung der in Frage stehenden Grenzflächenvorgänge in dem mehr oder weniger festen Zusammenhalt zweier durch ein organisches Bindemittel verbundenen festen Körper — wie etwa zweier Stücke Porzellan, Holz oder Pappe — zum Ausdruck. Diese im Sprachgebrauch, je nach der Art der zusammengefügten festen Körper, als Verkitten, Verleimen oder Verkleben bezeichnete Vereinigung soll aber nicht Hauptgegenstand der folgenden Ausführungen sein; diese sollen sich vielmehr im wesentlichen mit solchen technischen Erzeugnissen befassen, die durch Einverleiben größerer Mengen feinkörniger bis staubfeiner Feststoffe — sog. Füllstoffe oder Füller — in organische Bindemittel entstanden sind.

Hingewiesen sei aber darauf, daß in bezug auf die hier interessierenden Grenzflächenvorgänge zwischen dem Verkitten, Verleimen oder Verkleben großer Stücke eines bestimmten Stoffes mit einem organischen Bindemittel und der Vereinigung staubfeiner Teilchen desselben Stoffes durch das gleiche Bindemittel kein grundsätzlicher Unterschied bestehen kann, sofern nur die zwischen die Feststoffe gebrachte Bindemittelschicht in beiden Fällen eine entsprechende Stärke hat. Unter dieser Voraussetzung muß es im Prinzip belanglos sein, ob z. B. ein Bitumen zwei Gesteinsplatten verkittet oder ob es staubfeine Teilchen desselben Gesteins zu einem Ganzen vereinigt.

Wie sich zeigen wird, sind im folgenden nur solche Bindemittel-Füllergemische berücksichtigt worden, in denen chemische Reaktionen zwischen den Feststoffen und den Bindemitteln nicht auftreten. Solche Verhältnisse liegen z. B. vor: in Bitumen- oder Teer-Füllergemischen, wie sie im Straßenbau, als Verguß- und Füllmassen, als bituminöse Anstrich-, Isolier- und Dichtungsmaterialien, als Preßmassen u. dgl. Verwendung finden; fernerhin im Glaserkitt, in bestimmten Ölfarben bzw. den aus ihnen entstandenen Anstrichfilmen, in den sog. „mineralisierten", d. h. füllstoffhaltigen Kautschukwaren und so manchen anderen technischen Erzeugnissen. Als Hinweis auf die große technische Bedeutung der zu behandelnden Grenzflächenvorgänge mögen zunächst dem Schrifttum entnommene Beispiele dienen, welche erkennen lassen, in welcher Weise sich die Gegenwart solcher feinkörniger Füllstoffe oder Füller auf technisch wichtige Eigenschaften der organischen Bindemittel auswirken kann.

Schon J. Marcusson[1] kam bei seinen nach Beendigung des Weltkrieges im Staatlichen Materialprüfungsamt Berlin-Dahlem durchgeführten Untersuchungen zu dem Ergebnis, daß durch die Anwesenheit von Mineralbestandteilen der Schmelzpunkt der „natürlichen und künstlichen Asphalte" — also der Bitumina und Teerpeche — erhöht wird. Späterhin wurde diese in Kreisen der Straßenbauer jetzt als „stabilisierend" bezeichnete Wirkung der Füller auf diese Bindemittel eingehend in der Straßenbau-Versuchsanstalt der Technischen Hochschule Stuttgart[2] untersucht. Hierbei zeigte sich zunächst einmal, daß die Größe dieser stabilisierenden Wirkung von der Feinheit, d. h. dem Mahlungsgrad des Füllers abhängt, oder — mit anderen Worten — von der Größe der Oberfläche beeinflußt wird, mit der die Gewichtseinheit eines Füllers mit dem Bindemittel in Oberflächengemeinschaft steht. Dies gibt den ersten Anhaltspunkt dafür, daß bei der Betrachtung der in Frage stehenden Grenzflächenvorgänge nicht die Gewichts-, sondern die Volumenprozente in Rücksicht gezogen werden müssen, mit denen Füller in organische Bindemittel eingemischt werden. Weiterhin ergab sich bei diesen Untersuchungen, daß der Erweichungspunkt (nach Krämer-Sarnow oder nach der Ring- und Kugelmethode bestimmt) einer Bitumenart mit zunehmendem Raumanteil eines Füllers zuerst allmählich und dann stark ansteigt. Bei graphischer Darstellung der Versuchsergebnisse werden Kurven erhalten, welche die bemerkenswerte Tatsache erkennen lassen, daß diese Erhöhung des Erweichungspunktes bei den einzelnen Füllerarten eine ganz verschiedene ist, und daß ein Füller, in gleichen Raumteilen verschiedenen bituminösen Bindemitteln zugefügt, eine ganz verschiedene

---

[1] Die natürlichen und künstlichen Asphalte. 1. Aufl., S. 73. 1921

[2] Vgl. hierzu: F. Pöpel: Der moderne Asphaltstraßenbau. Dissert. Stuttgart. — E. Neumann: Neuzeitlicher Straßenbau. 2. Aufl., S. 295. 1932; Bitumen 1935, Heft 1, Beilage

„stabilisierende" Wirkung ausüben kann. Insgesamt ist also festzustellen, daß diese den Erweichungspunkt steigernde Wirkung der Füller abhängig ist:
1. von der Art der Füller,
2. von der Art der bituminösen Bindemittel,
3. von dem Mischungsverhältnis Füller : Bindemittel und
4. von der Feinheit der Mahlung der Füller.

Deutlich kommt dies (bis auf Punkt 4) in den Abb. 1 und 2 zum Ausdruck, die den Veröffentlichungen der Stuttgarter Anstalt entnommen sind.

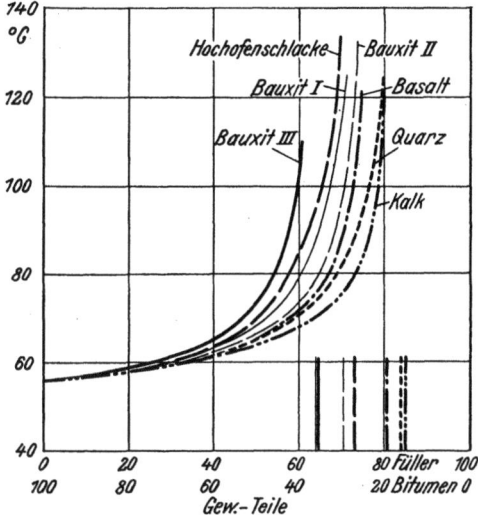

Abb. 1. Erhöhung des Erweichungspunktes von Mischungen verschiedener Füller mit Bitumen (R. u. K. 56°)

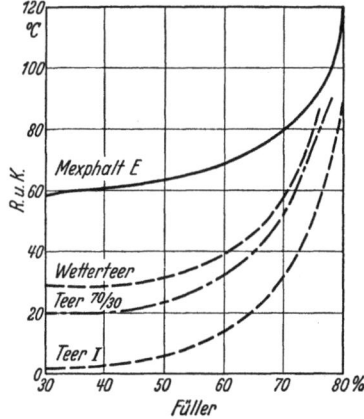

Abb. 2. Einfluß des Erweichungspunktes (R. u. K.) bei Mischung von Quarzmehl mit verschiedenen Bindemitteln

Weiterhin konnte — wie zu erwarten — in Stuttgart gezeigt werden, daß Gleiches wie für die Füllerwirkung auf den Erweichungspunkt auch für den Tropfpunkt (nach L. Ubbelohde) gilt.

Auch P. Herrmann[1] wies auf Grund der Ergebnisse zahlreicher Prüfungen von bituminösen Straßenbelägen auf diesen Einfluß der Füller hin; darüber hinaus erkannte er aber, daß diese Wirkung nicht nur auf die Lage des Erweichungs- und Tropfpunktes beschränkt bleibt, sondern daß durch Füllerzusatz auch der Erstarrungspunkt bzw. der Brech- oder Versprödungspunkt

(nach Fraaß), ja selbst die mechanischen Eigenschaften der bituminösen Bindemittel in einer für bestimmte Zwecke des Straßenbaues günstigen Weise beeinflußt werden können. Diese Feststellungen P. Herrmanns bezüglich der guten Wirkung eines Füllerzusatzes auf die Lage des Versprödungspunktes der bituminösen Bindemittel (bei tiefen Temperaturen) wurden späterhin von A. Braeutigam[1] bestätigt, aus dessen Veröffentlichungen folgende lehrreichen Beispiele wiedergegeben seien:

1. Werden 60 Teile eines Steinkohlenweichpechs vom Erweichungspunkt 30° und vom Brechpunkt +7° mit 40 Teilen Schiefermehl gemischt, so steigt der Erweichungspunkt auf 35°, während gleichzeitig der Brechpunkt auf +1° sinkt. Die Differenz zwischen dem Erweichungs- und Brechpunkt — im folgenden kurz „Temperaturspanne" genannt —, die beim Ausgangspech 23° betrug, hat sich durch den Füllerzusatz auf 34° erweitert.

2. Wird statt des Schiefermehls ein feinstgemahlener Asbest demselben Weichpech im gleichen Verhältnis wie bei 1 zugemischt, so steigt der Erweichungspunkt von 30° auf 62,5°, während der Brechpunkt von 7° auf 1° herabsinkt. Die Temperaturspanne beträgt also 61,5° statt 23° beim reinen Weichpech.

3. Beim Mischen von 50 Teilen des gleichen Weichpechs mit 50 Teilen desselben Asbestmehls erhöht sich der Erweichungspunkt sogar auf 85,5° und der Brechpunkt des Gemisches ist +2°. Die Temperaturspanne hat sich also von 23° auf 83,5° erweitert.

4. Werden schließlich 50 Teilen eines Weichpechs vom Erweichungspunkt 20° und einem Brechpunkt von +1° 25 Teile Schiefermehl und 25 Teile Asbestmehl zugefügt, so entsteht ein Gemisch vom Erweichungspunkt 68° und vom Brechpunkt ±0°. Die Temperaturspanne des Steinkohlenweichpechs hat sich also durch den Füllerzusatz von 19° auf 68° erhöht.

Diese Beispiele bestätigen gleichzeitig die Angaben der Stuttgarter Anstalt über die Wirkung der Art und Menge der Füller auf den Erweichungspunkt bituminöser Bindemittel. Welch große technische Bedeutung aber dieser Möglichkeit einer Erweiterung der Temperaturspanne zwischen dem Erweichungs- und Brechpunkt zukommt, ergibt sich aus dem Folgenden:

Bei bituminösen Bindemitteln — den Teeren bzw. Teerpechen und den aus Erdöl gewonnenen Bitumensorten — hängt die Lage des Erweichungspunktes und damit auch des Tropfpunktes im allgemeinen davon ab, wieweit die Destillation bei ihrer Herstellung vorgetrieben wurde. Mit der auf diese Weise erzielten Erhöhung des Erweichungs- bzw. Tropfpunktes geht aber auch eine solche des Brechpunktes einher, so daß hinsichtlich der hier in Frage kommenden Temperaturspanne nichts gewonnen ist. Klar geht dies aus den Ergebnissen von Untersuchungen der Straßenbau-Versuchsanstalt Stuttgart[2] hervor, bei denen — auf entgegengesetztem Wege wie bei der Destillation — aus einem Ausgangsmaterial Steinkohlenteerpeche verschieden hohen Erweichungs- und Tropfpunktes in der Weise gewonnen

---

[1] Tätigkeitsbericht der Zentralstelle für Asphalt- und Teerforschung für das Jahr 1928, S. 20 und das Jahr 1929, S. 17

[1] Jahrbuch der Vereinigten Dachpappen-Fabriken A.-G. für 1931, S. 90
[2] E. Neumann: Neuzeitlicher Straßenbau. 2. Aufl., S. 222

wurden, daß ein Teerpech vom Tropfpunkt 82,5° mit einem Anthracenöl verschnitten wurde, dem alle unter 270° siedenden Anteile entzogen waren. Die Prüfungsergebnisse zeigt die folgende Zusammenstellung:

Zusammensetzung		Tropfpunkt	Brechpunkt nach Church	Temperaturspanne
Pech %	Anthracenöl %	°C	°C	°C
100	—	+82,5	+50	32,5
80	20	+53,5	+22	31,5
70	30	+39,5	+ 8	31,5
60	40	+31	− 1	33
50	50	+21	−14	35

Ähnlich, wenn auch meist günstiger, liegen die Verhältnisse bei den Bitumensorten ansteigenden Erweichungs- und Tropfpunktes.

Die Temperaturspanne besitzt nun überall da besondere technische Bedeutung, wo bituminöse Stoffe zur Herstellung von Materialien Verwendung finden, die im praktischen Gebrauch in freier Natur — wie Straßen- und Gehwegbeläge, Dacheindeckungsstoffe, Anstriche von: Mauerwerk, Schleusentoren, Wehrwalzen u. dgl. — den auftretenden großen Temperaturschwankungen während eines Jahres auf lange Zeit trotzen sollen. In den genannten Fällen muß gefordert werden, daß die bituminösen Materialien bei höchsten Sommertemperaturen und selbst bei lang anhaltender kräftigster Sonnenbestrahlung nicht so erweichen, daß sie ins Rutschen oder gar ins Fließen und Tropfen kommen; daneben dürfen sie aber auch bei tiefsten Wintertemperaturen nicht zu stark verspröden, besonders wenn die Möglichkeit mechanischer Beanspruchungen gegeben ist. Für deutsches Klima besagt dies aber, daß solche Materialien Kältegraden bis −20° und Erwärmungen bis etwa 50° (an Straßenbelägen gemessen), ja sogar bis zu 70° (auf dunklen Pappdächern festgestellt) gewachsen sein sollen. Soweit die bituminösen Bindemittel nicht an sich schon solch hohen Anforderungen entsprechen, ermöglicht die Zumischung geeigneter Füller in zweckentsprechenden Mengen eine weitgehende Anpassung an die Bedürfnisse der Praxis.

Steinkohlenteerprodukte sind nun aber — im Gegensatz zu den meisten Bitumensorten — keine unveränderlichen Stoffe, soweit sie wenigstens in dünnen Schichten den Einwirkungen von Licht, Luft und Wärme ausgesetzt sind. Unter dem Einfluß der Atmosphärilien erleiden sie tiefgreifende Veränderungen; leicht siedende Öle verdampfen und ungesättigte Teerölanteile unterliegen einem Verharzungsprozeß, was in einer Steigerung der Menge der pechartigen Bestandteile, in einer allmählichen Erhöhung des Erweichungs- und Tropfpunktes sowie in einer langsam zunehmenden Versprödung zum Ausdruck kommt. Es sind nun aber auch Anzeichen dafür vorhanden, daß im Füllerzusatz zu diesen Teerprodukten ein Mittel an die Hand gegeben ist, um diese Vorgänge — soweit sie unerwünscht sind — wenigstens zum Teil zu beeinflussen. So wird im französischen Bericht zum VII. internationalen Straßenkongreß (München 1934) darauf hingewiesen[1], daß die Verfechter der „Füllerteere" — das sind Teere, die mit Kohlenstaub oder Kalksteinmehl etwa im Verhältnis 1:1 versetzt sind — behaupten, ein Zusatz geeigneter Füller sei imstande, die Alterung der allerdings sehr dünnflüssigen französischen Straßenteere durch Bindung (Adsorption) der Mittelöle zu verzögern und damit die Güte zu verbessern. Daneben zeigen diese „Füllerteere", infolge starker Erhöhung des Erweichungspunktes durch den Füllerzusatz, gegenüber den entsprechenden ungefüllten Teeren die häufig erwünschte Eigenschaft, daß sie sich nach dem Heißauftrag auf einen Untergrund schneller verfestigen und damit eine frühere Ingebrauchnahme ermöglichen.

Wie aber nach den bereits mehrfach herangezogenen Untersuchungsergebnissen der Straßenbau-Versuchsanstalt Stuttgart zu erwarten war, ist nicht jeder beliebige feinkörnige Füllstoff dazu geeignet, solche für bestimmte Verwendungszwecke organischer Bindemittel erwünschten Wirkungen hervorzubringen. Daß der Erfolg bei Gebrauch ungeeigneter Füller ein ganz anderer, und zwar ein höchst unerwünschter sein kann, zeigen Erfahrungen, die vor einer Reihe von Jahren auf dem Gebiete des Glaserkitts sehr zum Leidwesen des Handwerks gemacht werden mußten[1] und über deren Ursachen und Auswirkungen etwas eingehender berichtet sei.

Glaserkitt ist gemäß den Beschlüssen der Glasertage in Danzig (1914) und Hannover (1921) ein Produkt, welches aus geschlämmter Kreide, Leinöl und Leinölfirnis zu bestehen hat. Zur Erzielung guter Kittkonsistenz müssen der Schlämmkreide 17 bis 18% Öl zugemischt werden. Im Jahre 1929 tauchten nun auf dem Markt Materialien auf, die sich zwar für Verglasungen benutzen ließen, die aber folgende Mängel zeigten: Solcher Kitt setzte zunächst einmal bei längerem Stehen im Versandgefäß an der Oberfläche Öl ab, was ein normaler Glaserkitt nicht tut; die Mitte des Kübelinhalts war gut verarbeitbar, am Boden der Kübel war die Masse knochentrocken. Weit schlimmer war aber, daß selbst gut durchgekneteter Kitt dieser Art nach der Verarbeitung, insbesondere bei eisernen Fensterrahmen, an den seitlichen Falzen Beutel bildete, aus welchen — nach dem Öffnen — das nicht getrocknete Öl herauslief. Auch zeigte sich an Eisenfenstern ein zu geringes Abtrocknen des Kittes; es schien sogar so, als ob der Kitt immer weicher würde. Die chemische Untersuchung ergab, daß bei der Herstellung des Materials reines Leinöl verwendet worden war, doch enthielt der Kitt nicht wie gewöhnlich 17 bis 18%, sondern nur 10½ bis 13% Leinöl. Die Mineralstoffe bestanden aus kohlensaurem Kalk. Vom Glaserhandwerk angestellte Erhebungen brachten hier Klärung.

Die erhebliche Steigerung der Leinölpreise im Verlaufe des Jahres 1929 hätte eine Erhöhung der Kittpreise bedingt. Um den Kittpreis auf alter Höhe zu belassen, waren einige Hersteller dazu übergegangen, an Stelle der altbewährten, aber 17 bis 18% Leinöl benötigenden Schlämmkreide (Rügen) feinstgemahlenen Kalkspat — auch Steinkreide genannt — zu verwenden. Das Mißgeschick, welches dem Glaserhandwerk nach der Verarbeitung widerfuhr (die meisten Kittfalze mußten schon

---

[1] Kongreßbericht: I. Abt., 2. Frage, H. 23, S. 5

[1] St. Lucas: Dtsch. Glaserztg. 41. Jg. (1930) S. 17, 23 u. 25

im nächsten Jahre erneuert werden), deutet darauf hin, daß zwei Füllermehle, die beide aus kohlensaurem Kalk bestehen und nur im kristallographischen Aufbau voneinander abweichen, ganz verschiedene Wirkungen in Hinsicht auf technisch wichtige Eigenschaften ihrer Gemische mit Leinöl ausüben können, eine Auffassung, auf die späterhin noch mehrfach in anderem Zusammenhange zurückzukommen sein wird.

Die in dem als Glaserkitt bezeichneten System bestehenden und die Kittkonsistenz bedingenden physikochemischen Wechselbeziehungen zwischen den Kreideteilchen und dem Leinöl sind nun auch, nach den Untersuchungen von W. Droste[1] und H. Wolff[2], für die Ölfarben der Anstrichtechnik von Bedeutung.

Bekannt ist, daß die Viskosität des Leinöls und anderer Öle bei Zusatz wachsender Mengen anorganischer, in der Anstrichtechnik als Farbkörper oder „Pigmente" bezeichneter Pulver allmählich ansteigt. Gleiches ist bei anderen organischen Bindemitteln, wie Teeren, Pechen, Bitumensorten, bei gewöhnlicher oder höherer Temperatur festzustellen. „Füller" vermögen demnach die Viskosität organischer Bindemittel heraufzusetzen.

Glaserkitt und Ölfarben unterscheiden sich, rein äußerlich, nur in dem Grade ihrer Zähflüssigkeit. Den Zusammenhang — aber auch den Unterschied — zwischen beiden zeigt deutlich folgender Versuch:

Leinöl wird im glasierten Porzellanmörser mit Kreide oder einem anderen Pigment in solchen Mengen unter Benutzung eines unglasierten Porzellanpistills bei schwachem Druck verrieben, daß eine bröckelige Masse entsteht. Wird dann zu dieser Masse weiteres Öl tropfenweise zugefügt und das Verreiben fortgesetzt, so wird bald ein Punkt erreicht, in dem eine plastische Masse vorliegt, die wohl fest und vollständig am unglasierten Pistill klebt, aber nicht am glasierten Mörser haftet. Bei Schlämmkreide (Rügen) ist dieser Punkt, den man als Kittpunkt bezeichnen kann, erreicht, sobald das Gemisch die früher angegebenen 17 bis 18% Leinöl enthält. Bei weiterem Einkneten von Öl in diese plastische Masse tritt — häufig schon nach Zugabe von 1 bis 2 Tropfen Öl — ein starkes Schmieren an dem glasierten Mörser auf, und bei Zusatz von noch mehr Öl läuft die Masse schließlich zur Ölfarbe auseinander.

Über die physiko-chemischen Vorgänge, die sich im Verlaufe des eben geschilderten Versuches an der Grenzfläche fest/flüssig abspielen, geben die bereits erwähnten Untersuchungen von W. Droste und H. Wolff Aufschluß. Nach Ansicht dieser Autoren wird die in jedem Öl, wenn auch bisweilen nur in geringer Menge, vorhandene Fettsäure spezifisch durch die Pigmente adsorbiert. Bei kugeligen Teilchen wird man sich die Fettsäuren radial angeordnet zu denken haben. Infolge der Polarität der Ölmoleküle und der gabelartigen Struktur der Fettsäureglyzeride — wobei die „Zinken" eine Länge von 20 Å haben — wird aber eine Richtung und Verkettung von Ölmolekülen in weiterem Umfang auch noch außerhalb der primären Adsorptionsschicht stattfinden. Es kann sich so eine verhältnismäßig dicke Zone oder „Hülle" von Ölmolekülen um das Pigmentteilchen bilden, die in

[1] Farben-Ztg. Bd. 37 (1932) S. 619
[2] Vgl. z. B. Kolloid-Z. Bd. 74 (1936) S. 97 u. 103

ihrer Beweglichkeit gehemmt sind. H. Wolff[1] gelang es auch, Beweise für die Existenz dieser Ölhüllen um die Pigmentteilchen beizubringen. Wurden nämlich z. B. ansteigende Mengen von Ocker mit einer Mischung hochviskosen Holzöl-Standöls und Testbenzin angerieben, so zeigte sich, daß beim Unterschreiten gewisser Pigmentkonzentrationen die Viskosität der Farbe unter die des Standöl-Testbenzingemisches sank. Da eine Suspension wohl kaum eine niedrigere Viskosität aufweisen kann als das Suspensionsmittel, so bleibt kein anderer Schluß übrig, als daß ein Teil der die Viskosität des Öl-Benzingemisches stark heraufsetzenden hochpolymeren Stoffe — nämlich des Holzöl-Standöls — vom Pigment bevorzugt adsorbiert wurde, und die Viskosität des Suspensionsmittels durch diesen Ausfall an hochpolymeren Stoffen sank.

Die Bildung solcher „Ölhüllen" auf den Pigmentteilchen läßt den ziemlich raschen Übergang von der plastischen Masse zur, wenn auch noch zähflüssigen Ölfarbe erklärlich erscheinen, wie er beim Anreiben von Schlämmkreide mit Leinöl in die Erscheinung tritt. Es braucht ja nur angenommen zu werden, daß im „Kittpunkt" — dies besagt, bei Erreichen der Kittkonsistenz — alles der Schlämmkreide zugefügte Leinöl durch „Bindung" an die Oberfläche der Kreideteilchen in der freien Beweglichkeit gehemmt ist. Bei Zusatz weiterer Ölmengen ist dann keine unbesetzte Oberfläche der Kreideteilchen mehr vorhanden, und es wird sich „freies", in der Beweglichkeit nicht gehemmtes Öl zwischen die „Ölhüllen" der einzelnen Kreideteilchen einschieben, das den Gesetzen der Hydrodynamik folgen kann und mit zunehmender Menge eine ansteigende Verflüssigung des Schlämmkreide-Leinölgemisches bewirkt. Wie sich späterhin noch zeigen wird, sprechen auch Beobachtungen auf anderen technischen Gebieten für die Richtigkeit dieser Auffassung. Im Falle des als Glaserkitt versagenden Gemisches aus gemahlenem Kalkspat und Leinöl wäre dann anzunehmen, daß hinsichtlich der „Bindung" des Öls an die Oberfläche der Kalkspatteilchen etwas nicht in Ordnung ist, d. h. daß die Affinität von Leinöl zum Kalkspat und damit die Haftung des Öls am festen Stoff nicht so gut ist wie bei der Schlämmkreide z. B. von Rügen.

Beweise dafür, daß die „Haftfestigkeit" eines Bindemittels an der Oberfläche verschiedener Mineralien eine recht unterschiedliche sein kann, erbrachten z. B. Untersuchungen von W. Geißler[2] und seinen Mitarbeitern auf dem Gebiete der bituminösen Bindemittel. Eine bei diesen Arbeiten benutzte Prüfmethode stützt sich auf folgende Beobachtungen der Straßenbauer: Bei Vorliegen „ungeeigneter" Gesteine in Straßendecken tritt unter der Einwirkung des Regenwassers ein Ablösen des bituminösen Bindemittels, also eine Trennung des Bindemittels vom Gestein auf. Dies ist aber nur dadurch möglich, daß die Affinität des Gesteins zum Bindemittel geringer ist als die des Minerals zum Wasser. Versuchstechnisch findet dies darin seinen Ausdruck, daß bei Wasserbehandlung von Gemischen eines bituminösen Bindemittels mit verschiedenen Gesteinen bei bestimmten Mineralien ein Loslösen des Bindemittels vom Gestein

[1] Kolloid-Z. Bd. 74 (1936) S. 101
[2] Vgl. z. B. Bitumen 4. Jg. (1934) S. 191

innerhalb verhältnismäßig kurzer Zeit erfolgt, bei anderen Gesteinen aber auf diese Weise nicht erreicht werden kann. Erst wenn im letzteren Falle statt Wasser heiße Elektrolytlösungen wachsender Konzentrationen benutzt werden, kann auch hier eine Verdrängung des Bindemittels herbeigeführt werden. Demgemäß wird das zu prüfende trockene Gestein in der Korngröße 0,2 bis 0,6 mm mit dem zu beurteilenden Bindemittel im Verhältnis 71 Vol.-% Mineral zu 29 Vol.-% Bindemittel — gegebenenfalls in der Wärme — innig gemischt. Etwa $^1/_2$ g dieser Mischung wird dann im Reagenzglase mit Wasser 1 Min. lang gekocht, was nach W. Geißlers Versuchsergebnissen nur eine zweckmäßige Potenzierung der natürlichen Beanspruchungen der Straßenbeläge darstellen soll. Löst sich hierbei das Bindemittel vom Gestein los, so ist dies nach W. Geißler ein Zeichen für schlechte Haftung. Bei guter Haftung wird dann je $^1/_2$ g der gleichen Mischung mit je 6 cm³ Sodalösung wachsender Konzentration (von $^1/_{256}$ bis $^1/_1$ n-Na$_2$CO$_3$-Lösung) je 1 Min. lang gekocht, bis Trennung erfolgt. Die Konzentration der eben zur Trennung führenden Lösung ergibt den „Haftfestigkeitswert". Bei der Prüfung verschiedener Gesteine und Bindemittel mittels dieser Methode ergab sich bei gleichzeitiger Berücksichtigung ergänzender Untersuchungen anderer Autoren[1] folgendes:

1. Die Haftfestigkeit der Bitumina und Teere an einzelnen Gesteinen ist sehr verschieden.

2. Die Haftfestigkeit verschiedener bituminöser Bindemittel an der gleichen Gesteinsart ist unterschiedlich, doch sollen die hierbei auftretenden Unterschiede nach W. Geißler geringer als die nach Punkt 1 sein.

3. Gesteine derselben Art aber verschiedenen Vorkommens (z. B. Basalte, Kalksteine usw.) können ein ganz verschiedenes Verhalten zeigen.

Es besteht also volle Übereinstimmung mit den früher angeführten Ergebnissen der Untersuchungen der Straßenbau-Versuchsanstalt Stuttgart über die Beeinflussung der Temperaturkonstanten der bituminösen Bindemittel durch die Gegenwart der Mineralmehle: Die Haftfestigkeit dieser Bindemittel an der Gesteinsoberfläche wird maßgebend beeinflußt durch die Art des Gesteins und die Art des Bindemittels.

Hinsichtlich des Einflusses der chemischen Zusammensetzung der Gesteine auf die Haftfestigkeit der bituminösen Bindemittel kommt W. Geißler[2] auf Grund der Untersuchungsergebnisse seiner Mitarbeiter zu dem Schlusse, daß der saure Charakter eines Gesteins Hydrophilie und damit schlechte Haftfestigkeit der in Frage stehenden Bindemittel bedingt, während diese Bindemittel an basischen, hydrophoben Gesteinen gut haften. So ergab sich, daß ein Basalt mit 40,80 Mol.-% Kieselsäure gutes, ein solcher mit 50,89 Mol.-% Kieselsäure schlechtes Haftvermögen bituminöser Bindemittel erkennen ließ. Wie aber bereits früher kurz erwähnt wurde und sich im folgenden noch deutlicher zeigen wird, dürfte die chemische Zusammensetzung der Mineralstoffe nicht der allein ausschlaggebende Faktor sein; vielmehr wird auch die kristallographische Beschaffenheit in Rücksicht gezogen werden müssen.

In diesem Zusammenhange muß aber auf eine interessante Feststellung hingewiesen werden, welche die Bedeutung der Oberflächenbeschaffenheit der Mineralmehle für die Haftfestigkeit der Bindemittel ahnen läßt. Bei Versuchen über das Haftvermögen des sich aus Emulsionen abscheidenden Bitumens auf Sand und mineralischen Aggregaten beobachtete J. Jachzel[1], daß sich das Bindemittel auf Kalkstein gut verankerte, auf Quarzsand aber schlechte Haftung zeigte. Wurde nun die durch Vermischen von Quarzsand und konzentrierter Bitumenemulsion erhaltene breiige Masse mit Kalkhydrat versetzt, so führte die vollständige Entwässerung des Gemisches zu solch fester Verankerung des Bitumens auf dem Quarzsand, daß die Kochprobe nach W. Geißler mit Wasser gut überstanden wurde. Dieses unterschiedliche Verhalten des Quarzsandes dürfte auf eine Änderung der Oberflächenbeschaffenheit durch das Kalkhydrat zurückzuführen sein.

Die Versuche W. Geißlers und seiner Mitarbeiter führten aber noch zu einer anderen für die Technik bedeutsamen Erkenntnis. Es ist mitunter beobachtet worden, daß nach obenhin nicht vollkommen wasserdicht abgeschlossene Straßendecken infolge Wasseraufnahme quellen. Eine solche Quellung hat naturgemäß eine Festigkeitsabnahme des bituminösen Straßenbelages zur Folge. Früher war man der Auffassung, daß die Ursache solcher Quellungen ausschließlich in einem Gehalt der in der bituminösen Straßendecke vorhandenen Mineralien an Stoffen zu suchen sei, die — wie Ton, Gips, Pyrit, Zement usw. — mit Wasser reagieren. Späterhin zeigte sich aber, daß das Maß der Quellung nicht proportional dem Gehalt an solchen Stoffen war, und daß auch sog. Sandasphalte, welche die obengenannten Stoffe nicht enthielten, trotzdem zum Quellen kamen[2]. Entsprechend seinen Anschauungen über die ausschlaggebende Bedeutung der Hydrophilie und Hydrophobie der Gesteine für die Haftfestigkeit der Bindemittel ließ nun W. Geißler Quellversuche mit Probekörpern aus Gemischen mit hydrophilen und hydrophoben Gesteinsmehlen durchführen. Es ergab sich dabei, daß die Gemenge mit hydrophilen Gesteinen starke, die mit hydrophoben Gesteinen nur ganz geringe Quellung zeigten. Einen solchen Versuch beschreibt z. B. W. Riedel[3], bei dem es sich ergab, daß normengemäß geformte Probekörper, deren gut in der Körnung abgestuftes Mineralgerüst aus reinem Quarz bestand, also keine mit Wasser reagierenden Stoffe enthielt, bei der Wasserlagerung bis zu 20% Quellung zeigten. Als Ursache hierfür spricht W. Geißler die Hydrophilie des Quarzes an. Nach ihm verdrängt das Wasser beim Eindringen in die Probekörper das schlecht haftende bituminöse Bindemittel aus der Oberfläche des Minerals und schiebt sich unter Volumenvergrößerung des Versuchsmaterials zwischen die Quarzkörner und das Bindemittel. Welche Bedeutung diese Feststellungen z. B. für die Hersteller der

---

[1] H. Nüssel u. E. Neumann: Bitumen 5. Jg. (1935) S. 125
[2] Bitumen 4. Jg. (1934) S. 195

[1] Asphalt u. Teer 36. Jg. (1936) S. 101
[2] Tätigkeitsbericht der Zentralstelle für Asphalt- und Teerforschung für das Jahr 1925
[3] Asphalt u. Teer 36. Jg. (1936) S. 119

aus Mineralmehlen und bituminösen Bindemitteln bestehenden Isolier-, Anstrich- und Vergußmassen, Preßmaterialien, Dachpappen u. dgl. haben — soweit diese wenigstens im praktischen Gebrauch mit Wasser in Berührung kommen —, braucht wohl keine besondere Erläuterung.

W. Geißler und seine Mitarbeiter klärten aber auch die für den bituminösen Straßenbau und andere Gebiete der Technik wichtige Frage, inwieweit bei Vorliegen verschiedenartiger anorganischer Stoffe in unterschiedlicher Körnung die Quellung solcher Bindemittel-Mineralgemische einerseits von den Füllern und andererseits von den gröberen Körnungen abhängig ist. Probekörper aus einem Gemisch von 6,85 g Bitumen auf 100 g Grubensand der Körnungen K 1 bis K 3 ergaben bei der Wasserlagerung eine Quellung von maximal 6%. Durch Zugabe hydrophoben Kalksteinfüllers zum Grubensand (34,6% Füllergehalt des Mineralgemenges) konnte die Quellung solcher Probekörper gleichen Bindemittelgehaltes auf 1% herabgedrückt werden, während sie bei gleich großem Zusatz von hydrophilem Schiefermehl auf 10% anstieg. Es ergab sich also, daß die Quellung von der im Verhältnis zum grobkörnigeren Grubensand viel größeren Oberfläche der Füllermehle maßgebend beeinflußt wird, oder mit anderen Worten, daß neben der Art des Minerals auch die Größe seiner Oberfläche — der Mahlungsgrad — mitbestimmend ist. Somit stehen die für die Quellung gewonnenen Erkenntnisse mit denen im Einklang, die sich bei den Arbeiten der Straßenbau-Versuchsanstalt Stuttgart über den Einfluß der Füller auf die Temperaturkonstanten der bituminösen Bindemittel ergaben (vgl. S. 3).

W. Geißler berichtet schließlich noch über die Möglichkeit, die Oberfläche eines Gesteins, an der bituminöse Bindemittel schlecht haften, hydrophob zu machen. Durch eine Vorbehandlung des Gesteins — über die er sich allerdings nicht ausläßt — gelang es, die Quellung von Probekörpern aus Bitumen und diesem Gestein von ursprünglich 3% auf 0,2% herabzusetzen. Hierdurch werden die Feststellungen von J. Jachzel bestätigt.

Solche Verdrängungen von Bindemitteln durch Wasser aus der Oberfläche von Mineralstoffen oder auch umgekehrt von Wasser durch ein Bindemittel spielen in der Technik auf so manchen Gebieten eine wichtige Rolle. Als Beispiel letzterer Art möge die Herstellung der als „Bleiweiß in Öl" bezeichneten Pasten dienen. Das von der Fabrikation her noch stark wasserhaltige Bleiweiß wird hierbei direkt mit Leinöl angerieben, wobei das Öl das Wasser aus der Oberfläche des Bleiweiß verdrängt, welch letzteres sich dann aus der Ölpaste abscheidet. Bemerkenswert ist für die hier zu behandelnden Fragen, daß ein Öl benutzt wird, dessen Säurezahl innerhalb bestimmter Grenzen liegt, ein Beleg dafür, daß auch die Art des Bindemittels für die sich abspielenden Grenzflächenvorgänge von Bedeutung ist. Welche hervorragende Rolle diese, in einer mehr oder weniger guten Benetzung der Pigmente durch fette Öle zum Ausdruck kommenden Vorgänge ganz allgemein für die Ölfarben- und Anstrichtechnik spielen, wurde in den letzten Jahren durch eine ganze Reihe von Experimentalarbeiten bewiesen[1].

[1] Vgl. z. B. H. Wolff u. G. Zeidler: Kolloid-Z. Bd. 74 (1936) S. 97 u. 103

M. Le Blanc, M. Kröger und G. Kloz[1] konnten weiterhin zeigen, daß auch das Lösungs- bzw. Quellungsvermögen organischer Flüssigkeiten auf organische Bindemittel durch die Gegenwart fein verteilter Füllstoffe erheblich beeinflußt werden kann. Sie arbeiteten mit Mischungen von Kautschuk mit verschiedenen Rußsorten. Wird Rohkautschuk, besonders wenn er vorher zwischen Walzen verschiedener Umdrehungsgeschwindigkeit durchgeknetet wurde, z. B. mit Benzol in Berührung gebracht, so erfolgt zunächst ständig zunehmende Quellung und daran anschließend und nebenherlaufend Dispersion des gequollenen Kautschuks und damit Bildung eines Sols. Wurden aber dem gekneteten Kautschuk auf der Mischwalze ansteigende Mengen verschiedener Rußsorten einverleibt, so konnten die genannten Autoren bei den anschließenden Quellungsversuchen beobachten, daß gewisse Rußsorten eine stark verzögernde Wirkung auf die Dispersionsfähigkeit des Kautschuks, andere Rußsorten einen solchen Einfluß in wesentlich geringerem Maße ausübten. Dies zeigt sich deutlich in folgender Zusammenstellung der Untersuchungsergebnisse.

Dispersionsmöglichkeit

Rußsorte	Mischungen von		
	34 g Kautschuk + 5 g Ruß	34 g Kautschuk + 10 g Ruß	34 g Kautschuk + 20 g Ruß
Schwerer Ruß, Marke J	leicht	leicht	leicht
Gasruß 10197	,,	,,	,,
Feinster leichter Dreibrandruß	,,	,,	,,
Kalzinierter Ruß der Marke P	,,	,,	,,
Feinster leichter Sechsbrandruß	,,	,,	nicht
Spezialruß der Marke M. & St.	,,	schwer	nicht
Mit Wasser mischbarer Ruß der Marke Bras	,,	,,	schwerer
Spirituslackruß	,,	,,	,,
Kalzinierter Ruß der Marke PP, Type Montevideo	,,	leicht?	nicht
Peerlen Black, bester amerikanischer Gasruß	nicht	nicht	,,
Elf Black, geringer amerikanischer Gasruß	,,	,,	,,

Erwähnt sei noch, daß sich die individuellen Unterschiede dieser verschiedenen Ruße nach M. Le Blanc und seinen Mitarbeitern auf Verschiedenheiten in der Teilchengröße — also in der Oberflächenentfaltung — und im Adsorptionsvermögen — also in der Oberflächenbeschaffenheit — zurückführen lassen.

Diese Kautschukmischungen gehören nun aber zu einem Gebiete, auf dem wohl zuerst die große Bedeutung der Grenzflächenvorgänge zwischen organischen Bindemitteln und Füllern auch für die mechanischen Eigenschaften der technischen Erzeugnisse in vollem Umfange erkannt wurde, und auf dem diese Erkenntnisse zu einer geradezu als umwälzend zu bezeichnenden Änderung der Fabrikationsmethoden geführt haben — nämlich dem Gebiet der Kautschukverarbeitung. Es läßt sich ohne

[1] Kolloidchem. Beih. Bd. 20 (1925) S. 356

Übertreibung sagen, daß mit in erster Linie die klare Erfassung der Bedeutung der Grenzflächenvorgänge zu den gewaltigen Fortschritten der letzten Zeit in Hinsicht auf die Güte und Leistungsfähigkeit der Kautschukwaren geführt hat, die z. B. am neuzeitlichen Automobilreifen bewundert werden können.

Die ersten grundlegenden Arbeiten auf dem Gebiete der Kautschukmischungen wurden von W. B. Wiegand[1] durchgeführt. Sie räumten gründlich mit der landläufigen Anschauung auf, Füllstoffe seien stets nur als Verdünnungsmittel für den Kautschuk zu werten. W. B. Wiegand wies demgegenüber einwandfrei nach, daß zwar gewisse Füllstoffe im wesentlichen als Verdünnungsmittel wirken, daß aber andere — und zwar die in der Kautschukwarenindustrie als „aktiv" bezeichneten — den Fertigfabrikaten mechanische Eigenschaften verleihen können, die denen aus reinem Kautschuk weit überlegen sind.

Zunächst führte W. B. Wiegand den Beweis, daß eine enge Beziehung zwischen der Oberflächenentfaltung eines aktiven Füllstoffes und seiner „Verstärkerwirkung" besteht, d. h. seiner Fähigkeit, gewisse mechanische Eigenschaften, wie z. B. die Zugfestigkeit des Kautschuks heraufzusetzen. Es ergibt sich also volle Übereinstimmung mit den Feststellungen der Straßenbau-Versuchsanstalt Stuttgart, nach denen der Einfluß anorganischer Füller auf die Temperaturkonstanten der bituminösen Bindemittel von dem Mahlungsgrad, d. h. aber nichts anderes als von der Oberflächenentfaltung, abhängig ist. Da nun bei den hier in Frage stehenden Füllstoffen chemische Reaktionen mit dem Kautschuk-Kohlenwasserstoff nicht in Betracht kommen können, muß die „verstärkende" Wirkung wechselseitigen Beziehungen zwischen solchen Füllstoffen und dem Bindemittel physikalischer bzw. physikalisch-chemischer Art zugeschrieben werden. W. B. Wiegand studierte weiterhin die Abhängigkeit der „Verstärkerwirkung" verschiedener Füllstoffe von ihrer Konzentration in den Kautschukmischungen. In Anbetracht der Eigenart des Kautschuks begnügte er sich aber nicht damit, in der sonst üblichen Weise die Zerreißkraft und die Zerreißdehnung zu ermitteln, sondern er errechnete aus beiden Daten die Zerreißarbeit in kgm, bezogen auf 1 cm³ der ungedehnten Kautschukmischung, und nannte sie „Widerstandsenergie" (proof resilience). So erhielt er das maximale Speicherungsvermögen der einzelnen Mischungen für mechanische Energie. W. B. Wiegand ermittelte also den Einfluß ansteigender Füllstoffmengen auf diese „Widerstandsenergie" und bediente sich dabei einer Grundmischung aus Kautschuk und dem für dieses Material erforderlichen Vulkanisationsmittel — dem Schwefel. Wurden nun auf je 100 Volumina des in der Grundmischung enthaltenen Kautschuks 10, 20, 30 usw. Volumina Füllstoff zugemischt, und wurde dann die Zerreißarbeit der aus diesen Mischungen erhaltenen Vulkanisate ermittelt, so ergaben sich Kurven, welche die Zerreißarbeiten in Abhängigkeit von der Konzentration des Füllstoffes darstellten. Abb. 3 zeigt eine solche Kurve, die etwa für eine Kautschuk-Zinkweißmischung

[1] India Rubber J. Bd. 60 (1920) S. 379 u. 423; Trans. Inst. Rubber Ind. Bd. 1 (1925) S. 141

gilt[1]. Offensichtlich tritt also mit steigenden Mengen des Füllstoffs ein Anwachsen der Zerreißarbeit über die Grundmischung hinaus ein. Es besteht demnach volle Parallelität mit den Feststellungen der Straßenbau-Versuchsanstalt Stuttgart, nach denen der Einfluß der Füller auf die Temperaturkonstanten bituminöser Bindemittel von dem Mischungsverhältnis Füller-Bindemittel abhängig ist. Wie Abb. 3 klar erkennen läßt, strebt die Zerreißarbeit mit wachsender Füllstoffmenge einem Maximum zu, um schließlich — von einer bestimmten Füllstoffkonzentration an — wieder abzusinken. Die Horizontale AB ist die Zerreißarbeit der

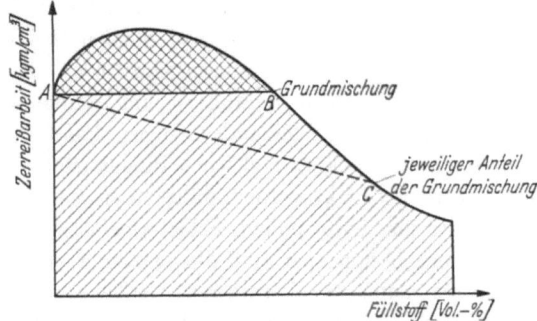

Abb. 3. Abhängigkeit der Zerreißarbeit (in kgm/cm³) von Kautschukvulkanisaten von ihrem Füllstoffgehalte (in Vol.-%, bezogen auf das Volumen des eingemischten Rohkautschuks) nach W. B. Wiegand. (AB = Zerreißarbeit der Grundmischung). AC = jeweils auf die Grundmischung entfallender Anteil der Zerreißarbeit. Doppelt schraffierte Linie = „ΔA-Funktion"

Grundmischung. W. B. Wiegand nennt die von dieser Linie und dem Kurvenzug eingeschlossene Fläche die „ΔA-Funktion"; sie stellt offenbar ein Maß für die dem Füllstoff eigentümliche „Verstärkerwirkung" dar. L. Hock[2] hält es hingegen für zweckmäßiger, die schräge Linie AC als Bezugsmaß der Verstärkerwirkung zu benutzen, durch welche immer die Verstärkung zu der mit steigendem Füllstoffgehalt absinkenden Kautschukmenge der Mischungen in Beziehung gebracht wird. Sollen nun verschiedene Füllstoffe in Hinsicht auf ihre Verstärkerwirkung miteinander verglichen werden, so sind auf der Ordinate die Zerreißarbeiten der einzelnen Mischungen in kgm je cm³ und auf der Abszisse die zugehörigen Füllstoffmengen in Volumenprozenten, nicht etwa in Gewichtsprozenten aufzutragen, da das Gewicht in Grenzflächensystemen der in Frage stehenden Art keine Rolle spielt. Abb. 4 zeigt einige charakteristische Kurven viel gebrauchter Kautschukfüllstoffe. Wie bei den Arbeiten der Straßenbau-Versuchsanstalt Stuttgart zeigt sich auch hier, daß die Verstärkerwirkung von der Art des Füllstoffs abhängig ist. Welche Bedeutung solcher systematischen Durchforschung der Füllstoffwirkung für die Arbeit des Mischungstechnikers zukommt, dürfte ohne weiteres einleuchten.

Werden die Untersuchungsergebnisse W. B. Wiegands unter Berücksichtigung ergänzender Arbeiten anderer Autoren[3] zusammengefaßt, so ergibt sich folgendes Bild:

[1] Abb. 3 und Abb. 4 sind entnommen: K. Memmler: Handb. d. Kautschuk-Wissenschaft. Leipzig: S. Hirzel 1930
[2] Handb. d. Kautschuk-Wissenschaft, S. 559
[3] Vgl. hierzu z. B. E. A. Hauser: Handb. d. ges. Kautschuk-Technologie. Berlin: Union dtsch. Verlagsges. 1935; Abschnitt: Mischungswesen, S. 207

Die sog. „aktiven" Füllstoffe — wie aktiver Gasruß, leichtes Magnesiumkarbonat, Zinkweiß und Kaolin — bewirken mit wachsendem Zusatz zum Kautschuk ein Ansteigen der Zerreißarbeit, wobei diese teilweise ganz erheblich über die „Widerstandsenergie" der füllstoffreien Kautschukmischungen hinausgeht. Diesen „aktiven" Füllstoffen stehen die „inaktiven" gegenüber, die — wie die inaktiven Ruße, Lithopone und Schwerspat — diese Wirkung nicht oder nur in so geringem Maße ausüben, daß sie als praktisch bedeutungslos angesprochen werden kann.

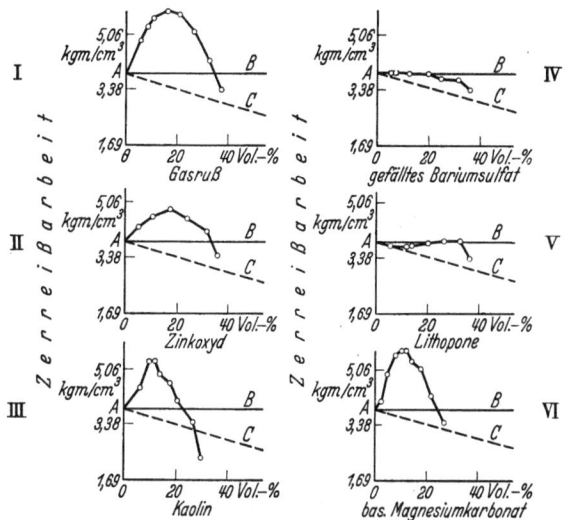

Abb. 4. Abhängigkeit der Zerreißarbeit (in kgm/cm³) von Kautschukvulkanisaten von ihrem Gehalt an Füllstoffen (in Vol.-%, bezogen auf das Volumen des eingemischten Rohkautschuks) nach W. B. Wiegand und H. W. Greider
(AB = Zerreißarbeit der Grundmischung). AC = jeweils auf die Grundmischung entfallender Anteil der Zerreißarbeit

Bei Zugabe ansteigender Mengen „aktiver" Füllstoffe, insbesondere von Gaßruß, sinkt die Dehnbarkeit, während der Abnutzungswiderstand der Mischungen anwächst. Bei graphischer Darstellung der Versuchsergebnisse ist eine Ähnlichkeit zwischen den Kurven der Reißfestigkeit, der Widerstandsenergie und des Abnutzungswiderstandes unverkennbar; die hier bestehenden Zusammenhänge gewinnen noch an Klarheit, wenn der Abnutzungswiderstand als Funktion von Widerstandsenergie und Härte der Mischungen wiedergegeben wird.

Die „verstärkende" Wirkung der Füllstoffe tritt im allgemeinen um so deutlicher in die Erscheinung, je feinkörniger sie im Kautschuk vorliegen, d. h. mit je größerer Oberfläche sie mit dem Bindemittel in Gemeinschaft stehen. Dabei ergeben aber nur Füllstoffteilchen kolloider Dimensionen (Teilchengröße unter 1 μ) eine verstärkende Wirkung; weder gröber disperse Stoffe noch sich im Kautschuk molekular-dispers lösende Substanzen erwiesen sich als „aktiv" im Sinne einer Festigkeitssteigerung. Innerhalb des kolloiden Gebietes aber ist im allgemeinen die Erhöhung der Festigkeit der Mischung um so größer, je feiner der Füllstoff im Kautschuk vorliegt. Daß aber die Oberflächenentfaltung der Füllstoffe für die Größe der Verstärkerwirkung nicht allein ausschlaggebend ist, beweist die Tatsache, daß z. B. Zinkweiß hinsichtlich der verstärkenden Wirkung ein günstigeres Verhalten zeigt, als seiner Teilchengröße eigentlich zukommen würde, und daß wiederum Eisenoxyd und Lithopone, etwa gleicher Feinheit wie Zinkweiß, weit hinter dem der Teilchengröße nach zu Erwartenden zurückstehen. Noch augenfälliger ergibt sich dies bei den Rußen. Höchstwerte der Zerreißfestigkeit und der Widerstandsenergie lassen sich mit Gasruß von der Art des „Micronex" erzielen, das sind Ruße, die durch Verbrennen von Naturgas oder anderen kohlenstoffhaltigen Gasen bei ungenügender Luftzufuhr und Auftreffenlassen der leuchtenden Flamme auf verhältnismäßig kühle Flächen gewonnen werden (Kanalprozeß). „Micronex" besitzt eine mittlere Teilchengröße von etwa 0,06 μ. Demgegenüber hat die Rußsorte „Super spectra", die ebenfalls aus Naturgas nach dem Kanalprozeß erhalten wird, nur einen Bruchteil der verstärkenden Wirkung der „gewöhnlichen" Kanalprozeß-Gasruße, obgleich „Super spectra" eine mittlere Teilchengröße von 0,025 μ aufweist, also viel feinkörniger ist. Nach J. und A. Talalay[1] kommt dann noch hinzu, daß Füllstoffe mit nicht kugeligen, sondern nadel- oder plättchenartigen (anisotropen) Einzelteilchen bei kleineren Konzentrationen kräftigere Verstärker sind als isotrope Stoffe gleicher mittlerer Teilchengröße. Selbst wenn also die Teilchengröße die Ursache der verstärkenden Wirkung gewisser Füllstoffe ist, kann diese Erscheinung durch andere Einflüsse vollkommen verdeckt sein. Nach den gleichen Autoren sind die Voraussetzungen, unter denen einer bestimmten Teilchengröße eine bestimmte verstärkende Wirkung zugeordnet sein muß, folgende:

1. Der Füllstoff muß vollständig in der Mischung verteilt sein, d. h. seine Partikelchen müssen einzeln in den Kautschuk eingebettet sein. Auch muß die gesamte, so entfaltete Oberfläche zur Grenzfläche Kautschuk-Füllstoff geworden sein, d. h. der Kautschuk muß alle Einzelteilchen des Füllstoffs vollkommen „benetzen".

Von diesem Idealzustand vollkommener Verteilung und Benetzung entfernen sich leider die technischen Mischungen mit zunehmender Füllstoffkonzentration und auch mit anwachsender sehr hoher Teilchenfeinheit — infolge der Entstehung trockener Füllstoffzusammenballungen in den Mischungen — mehr und mehr. Untersuchungen von R. W. Lunn[2] zeigten, daß bei ansteigendem Füllstoffgehalt der Mischungen jedes weitere dem Kautschuk zugemischte Volumen weniger zur Widerstandsenergie beiträgt als das vorhergehende; bei hohen Füllstoffkonzentrationen geht die Verstärkerwirkung asymptotisch nach Null.

2. Müssen die Grenzflächenkräfte — auf die späterhin noch einzugehen sein wird — zwischen Kautschuk und Füllstoff stets gleiche Intensität haben, so daß einem Quadratzentimeter benetzter Füllstoffoberfläche in allen Fällen die gleiche Änderung des Energieinhaltes des Systems entspricht. Hierzu wäre aber die genaue Kenntnis des Charakters der Füllstoffoberfläche (Oberflächengestaltung) erforderlich. Bisher fehlt aber das Verfahren, welches die einwandfreie Ermittlung der für die hier in Frage stehenden Grenzflächenvorgänge allein maßgebenden „äußeren" Oberfläche der Füllstoffe gestattet und so ermöglicht, bei Vergleichsversuchen die

[1] Handb. d. ges. Kautschuk-Technologie, S. 218
[2] Trans. Inst. Rubber Ind. Bd. 4 (1929) S. 396

verschiedenen Füllstoffe mit gleicher Quadratmeterzahl der „äußeren" Oberfläche dem Kautschuk einzuverleiben.

Wie die Abb. 3 und 4 klar erkennen lassen, steigt bei Zugabe wachsender Mengen „aktiver" Füllstoffe zum Kautschuk die Widerstandsenergie der Mischungen an, strebt einem Maximalwert zu und fällt nach Überschreiten eines bestimmten Füllstoffgehaltes wieder ab. Die Größe der erreichbaren Höchstwerte und die Höhe des Volumenprozentsatzes an Füllstoff, bei dem dieses Maximum der Zerreißfestigkeit erzielt wird, ist für die verschiedenen Füllstoffe nicht identisch, ja sie wechselt sogar bei verschiedenen Füllstoffsorten gleicher chemischer Zusammensetzung. Außerdem besteht eine „verstärkende" Wirkung bei den verschiedenen Füllstoffen nicht in gleichen Konzentrationsbereichen. Wie gezeigt wurde, ist neben der Art und der Teilchengröße der Füllstoffe auch die Teilchengestalt und Oberflächengestaltung der Partikelchen von Bedeutung, und schließlich ergab sich noch, daß die „Verstärkerwirkung" eines Füllstoffes mit der Rohkautschuksorte wechseln kann, daß also auch die Art des Bindemittels in Rücksicht zu ziehen ist. Es zeigt sich also auch hier wieder weitgehende Übereinstimmung mit den Ergebnissen der Arbeiten der Straßenbau-Versuchsanstalt Stuttgart über den Einfluß der Füller auf die Temperaturkonstanten bituminöser Bindemittel (vgl. S. 3); auch die „verstärkende" Wirkung der Füllstoffe des Kautschuks ist abhängig:

1. von der Art der Füllstoffe,
2. von der Art des Bindemittels, also der Rohkautschuksorte,
3. von dem Mischungsverhältnis Füllstoff : Kautschuk und
4. von der Feinheit bzw. der Oberflächengestaltung und -entfaltung des Füllstoffes.

In diesem Zusammenhange sei noch einiger Eigenschaften der Kautschuk-Füllstoffgemische gedacht, die für die technische Verwendbarkeit von erheblichem Interesse sind, es sind dies Steifheit, Härte und Kerbzähigkeit der Mischungen.

Die Steifheit einer Kautschukprobe wird durch den Modul gemessen, d. h. die Kraft, die notwendig ist, um einen bestimmten Dehnungsgrad — meist 400% — zu erreichen. Als Härte einer Mischung wird die Eindringtiefe einer Kugel oder einer Kegelspitze unter gegebener Last angesprochen.

Nach H. W. Greider[1] erhöhen sowohl aktive wie inaktive Füllstoffe den Modul und die Härte über die Werte der füllstofffreien Grundmischung hinaus. Dies geht im Falle der Steifheit linear mit der Füllstoffkonzentration, im Falle der Härte etwas schwächer als linear. Die Erhöhung setzt sich monoton ansteigend bis zu den höchsten untersuchten Füllstoffkonzentrationen fort. Nach J. und A. Talalay[2] ist es wahrscheinlich, daß eine hohe Widerstandsenergie und eine große Härte unabhängig in der Mischung erzeugt werden. So ist z. B. die Härte einer Mischung mit kolloidalem Zinkweiß (Teilchengröße 0,15 μ) praktisch gleich derjenigen mit gewöhnlichem Zinkweiß von 0,3 μ mittlerer Teilchengröße. Bei Rußsorten geht die Härte der Mischung wohl mit der Teilchenfeinheit, jedoch nicht mit der verstärkenden Wirkung symbat. Die ganz außerordentlich feine Rußsorte „Super spectra" liefert zwar Mischungen großer Härte, dagegen ist die verstärkende Wirkung dieses Rußes nur sehr gering. Anders liegen die Verhältnisse bezüglich des Moduls der Rußmischungen. Kautschukmischungen mit mäßig aktiven bis inaktiven Rußen haben häufig größere Steifheit als Mischungen mit aktivem Kanalprozeß-Gasruß nach Art des „Micronex". Diese auf den ersten Blick überraschende Feststellung findet aber in der Tatsache des nichtlinearen Verlaufs der Zugdehnungskurven solcher Füllstoff-Kautschukgemische ihre Erklärung.

Ganz besonders merkwürdig ist aber der Einfluß der Füllstoffe auf die Kerbzähigkeit der Kautschukmischungen, d. h. auf die Unempfindlichkeit einer unter Spannung stehenden Kautschukprobe gegen Verletzungen der Oberfläche. Hier scheint neben der Feinheit des eingemischten Füllstoffes und der Größe seiner vom Kautschuk „benetzten" Oberfläche auch die Teilchengestalt von maßgebender Bedeutung zu sein. Nach J. und A. Talalay[1] geben ganz allgemein Füllstoffe mit anisotropen scharfkantigen Teilchen Kautschukmischungen von geringer Kerbzähigkeit. Während z. B. kolloidales Kaolin dem Kanalprozeß-Gasruß in der verstärkenden Wirkung sehr nahe kommt, gibt es wegen seines anisotropen Charakters Kautschukmischungen nur sehr geringer Kerbzähigkeit. Demgegenüber ordnen sich die Rußsorten in der Reihenfolge ihrer verstärkenden Wirkung, d. h. Ruße hoher verstärkender Wirkung geben auch hohe Kerbzähigkeit in Kautschukmischungen.

Nach den bisherigen Erfahrungen war nun anzunehmen, daß sich auch bei anderen organischen Bindemitteln durch Einverleiben sachgemäß ausgewählter und dosierter Füllstoffe ähnliche Abwandlungen der mechanischen Eigenschaften erzielen lassen würden. Werden unter diesem Gesichtspunkte die Veröffentlichungen der neueren Zeit auf dem Gebiete der bituminösen Bindemittel studiert, so ergibt sich, daß die gleichen Faktoren für die „verstärkende" — hier auch „stabilisierend" genannte — Wirkung der „Füller" auf diese Bindemittel maßgebend sind, die beim Kautschuk für die Steigerung der Zerreißfestigkeit usw. als wirksam erkannt wurden. Vorauszusehen ist aber, daß z. B. beim Bitumen die mit dem Ausgangsrohöl zum Teil sehr stark wechselnde chemische und physikalische Natur der zahlreichen Handelssorten komplizierend wirken wird. Was aber von Bitumen gilt, wird in noch höherem Maße bei den Steinkohlenteerprodukten der Fall sein; bei ihnen kommt ja hinzu, daß neben einer wechselnden chemischen Zusammensetzung — wenigstens soweit dünne Schichten dieser Materialien, wie Anstriche, vorliegen — auch noch unter dem Einfluß von Licht, Luft und Wärme chemische Veränderungen auftreten, die einen Wechsel der physikalischen Eigenschaften dieser Bindemittel in ihren Mischungen mit Füllern bedingen.

E. Neumann und R. Wilhelmi[2] stellten sich angenähert gleich fette Mischungen aus bituminösen Bindemitteln

---

[1] Ind. Engng. Chem. Bd. 14 (1922) S. 385; Bd. 15 (1923) S. 504; vgl. Handb. d. ges. Kautschuk-Technologie, S. 242
[2] Handb. d. ges. Kautschuk-Technologie, S. 258

[1] Handb. d. ges. Kautschuk-Technologie, S. 258
[2] Bitumen 1931, S. 25 u. 66

und den im Straßenbau gebräuchlichen Gesteinsmehlen her, indem sie das Verhältnis des mittleren Korndurchmessers des Minerals zur Bindemittelschichtdicke bei allen Mischungen gleich wählten; so mußte die Schichtdicke auf feinem Gesteinsmehl entsprechend dem kleineren Korndurchmesser geringer ausfallen als bei gröberkörnigem Mineralmehl. Aus den Bindemittel-Füllergemischen wurden mittels Hubbardscher Prüfformen zylindrische Prüfkörper von 5 cm Höhe und 5 cm Durchmesser zur Prüfung auf Druckfestigkeit hergestellt, indem die Asphaltmischungen bei 160° und die Teermischungen bei 110° mit dem Höchstdruck von 4270 kg in die Zylinderformen eingepreßt wurden. Weiterhin wurden aus allen Mischungen Probekörper für die Bestimmung der Zerreißfestigkeit im Michaelisschen Apparat geformt. Die Probekörper wurden bei den bereits genannten Temperaturen durch Einstampfen mit einem 18 kg schweren Fallhammer aus 25 cm Fallhöhe mit 10 Schlägen hergestellt. Nach 24stündiger Lagerung wurden die einzelnen Prüfungen bei Zimmerwärme vorgenommen; hierbei ergaben sich die in der Zahlentafel 1 zusammengestellten Werte, die auch mit aller Deutlichkeit erkennen lassen, daß eine bestimmte Menge eines Mineralmehles in Mischung mit verschiedenen bituminösen Bindemitteln — z. B. verschiedenen Steinkohlenteerprodukten — ganz verschiedene Wirkungen ausüben kann.

Zahlentafel 1

Gesteinsart	Druckfestigkeit kg/cm²	Zerreißfestigkeit g/cm²
1. Mischung mit Mexphalt E		
Schiefermehl	43	7000
Basaltmehl	43	6400
Porphyrmehl	37	6800
Kalkmehl	32	6170
Quarzmehl	27	5430
2. Mischung mit Straßenteer		
Schiefermehl	7,5	1800
Basaltmehl	5	1690
Porphyrmehl	2,5	1450
Kalkmehl	2,5	1700
Quarzmehl	0	1000
3. Mischung mit Pechöl 65/35		
Schiefermehl	13	3410
Basaltmehl	7,5	2910
Porphyrmehl	5	2870
Kalkmehl	5	2190
Quarzmehl	0	1460

Ganz ähnliche Untersuchungen wurden im Staatlichen Materialprüfungsamt Berlin-Dahlem von H. W. Gonell[1] durchgeführt. Hier wurden aber verschiedene Füllermehle (Quarz, Glas, Basalt, Kreide, Kalkstein und Marmor) mit ansteigenden Mengen eines Bitumens vom Erweichungspunkt nach K. und S. 28° sorgfältig vermischt und aus diesen Mischungen Probekörper zur Bestimmung der Zerreißfestigkeit im Frühling-Michaelisschen Apparat normengemäß geformt. Nach der Entformung lagerten die Probekörper, bis sie 20° angenommen hatten, bei welcher Temperatur dann die

[1] Bitumen 1934, S. 66 u. 93

Prüfung erfolgte. Der Bereich des Bitumengehaltes der für solche Festigkeitsversuche brauchbaren Mischungen war nach unten hin dadurch begrenzt, daß die Mischungen nicht so trocken sein durften, daß die Probekörper beim Entformen zerfielen. Als obere Grenze wurde der Bitumengehalt angesehen, bei dem die Zugprobekörper sich schon unter beginnender Last so stark dehnten, daß die zur Verfügung stehende freie Weglänge für die Bewegung der Einspannklauen des Zerreißapparates nicht ausreiche, um die Dehnung der Probekörper bis zum Bruch fortzusetzen. In Abb. 5 sind die Versuchsergebnisse graphisch dargestellt. Es ergibt sich, daß die Zugfestigkeit der aus den Gemischen geformten Probekörper mit zunehmendem Bitumengehalt mehr oder weniger steil bis zu einem Höchstwert

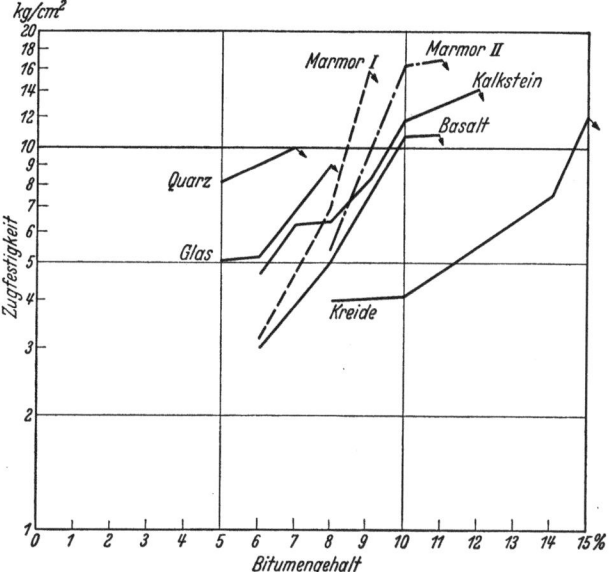

Abb. 5. Zugfestigkeit der Füller-Bitumenmischungen

ansteigt. Bei Überschreiten dieses Wertes tritt schon unter beginnender Auflast Dehnung ein, die meist so stark ist, daß ein Zerreißen mit dem verwendeten Prüfgerät nicht mehr möglich ist. Die Bitumenmenge bei Erreichung des Höchstwertes der Zugfestigkeit übt offenbar die optimale Kittwirkung aus; wird sie überschritten, so ist mehr Bitumen vorhanden als zum Verkitten der Füllerteilchen erforderlich ist und an deren Oberfläche gebunden wird. Die Dicke der umhüllenden Bitumenschicht wird zu groß und der Einfluß der Plastizität des überschüssigen „freien" Bitumens macht sich im Absinken der Zugfestigkeit bemerkbar. Es treten also hier ganz ähnliche Erscheinungen auf, wie wir sie im vorstehenden beim Glaserkitt und auch beim Kautschuk kennengelernt haben. Wie beim Kautschuk (vgl. S. 9) ist auch hier die Lage der Zugfestigkeitskurven im Diagramm ganz verschieden. Während die Mischungen mit Glas und Quarz schon bei 5% Bitumengehalt formbare Probekörper ergaben, beginnen die Kurven der Mischungen mit Kalkstein, Marmor I und Basalt erst bei 6%, diejenigen der Mischungen mit Marmor II und Kreide bei 8%, und ein mit einigen Stichproben zum Vergleich herangezogener Bauxit ergab erst von 20% Bitumen aufwärts formbare Mischungen. Der Kurvenverlauf der verschiedenen Füller ist verschieden steil. Bei den beiden Marmorsorten und beim Glas wird der

Höchstwert der Zerreißfestigkeit nach einer Erhöhung des Bitumenzusatzes von nur 3% über den Anfangswert erreicht, bei Basalt, Kalkstein und Kreide erst nach einer Erhöhung von 5 bis 7%. Beim Quarz werden bei flach verlaufender Kurve nur über ein Bereich von 2% formbare und dabei nicht zu weiche Mischungen erhalten. In folgender Zahlentafel sind die Bereiche der von den verschiedenen Füllern „gebundenen" Bitumenmengen zusammengestellt; außerdem sind die von H. W. Gonell nach E. Rammler[1] ermittelten Oberflächen der Mineralmehle angegeben.

Zahlentafel 2

Art des Füllstoffes	Gesamtoberfläche m²/kg	Gebundene Bitumenmenge %
Quarz	218	5 bis 7
Glas	187	5 „ 8
Marmor I	285	6 „ 9
Marmor II	370	8 „ 11
Basalt	255	6 „ 11
Kalkstein	227	6 „ 12
Kreide	900	8 „ 15
Bauxit	1600	>20

Wie nach den früheren Erfahrungen zu erwarten, ist der „Bitumenanspruch" des feiner gemahlenen Marmor II größer als der des gröberen Marmor I; hinsichtlich des Bereichs der „gebundenen" Bitumenmenge sind aber beide Marmormehle gleich. Kalkstein weist trotz kleinerer Oberfläche die gleiche Mindestbitumenmenge wie Marmor I auf, der Bereich der gebundenen Bitumenmenge ist bei ihm aber bedeutend größer als bei diesem Marmormehl. Kreide hinwiederum mit ihrer bedeutend größeren Oberfläche hat nur den Mindestbitumenanspruch des Marmor II, im Höchstwert geht sie aber um 3% über den Kalkstein hinaus. Das Kalksteinmehl vermag somit bedeutend mehr Bitumen zu binden als Marmor I, der eine um 26%, und auch als Marmor II, der eine um 63% größere Oberfläche besitzt. Quarzmehl, dessen Oberfläche der des Kalksteinmehls sehr nahe kommt, bindet weit geringere Bitumenmengen und entspricht hierin etwa dem Glaspulver.

Für die Lage des Höchstwertes des Bitumenanspruchs und die Breite des Bitumenbereichs der Mineralmehle dürfte neben der Korngröße auch die Beschaffenheit der Oberfläche der Einzelkörner von Bedeutung sein. Bei den körnig-kristallinen Füllern Quarz und Marmor und bei dem ebenfalls glatte Oberflächen aufweisenden Glas ist der Bereich der möglichen Bitumenzusätze klein. Beim Basalt und beim Kalkstein, der nach Angabe H. W. Gonells einem mergelreichen Vorkommen entstammte, sind die Kornoberflächen hingegen rauh und bei der Kreide sogar ausgesprochen porig. Demnach liegt es nahe, das unterschiedliche Aufnahmevermögen der untersuchten Füller ausschließlich auf ihre Oberflächengestaltung zurückzuführen, die ja bei gleicher Korngröße zweier Füller auf die Oberflächengröße einen wesentlichen Einfluß ausübt. Wie sich aber späterhin noch ergeben wird, ist es durchaus möglich, daß daneben bei

[1] Untersuchungen über die Messung und Bewertung der Feinheit von Kohlenstaub. 7. Berichtfolge des Kohlenstaub-Ausschusses des Reichskohlenrates, Berlin 1927

Füllern gleicher chemischer Zusammensetzung — wie, etwa Marmor und Kalkstein — auch der kristallographische Aufbau für die Menge des „gebundenen" Bitumens bedeutsam ist. Die Versuche H. W. Gonells zeigen jedenfalls, daß die „stabilisierende" Wirkung der Füller auf Bitumen abhängig ist:

1. von der Art des Füllers,
2. von der Feinheit seiner Mahlung und der Oberflächengestalt sowie
3. von dem Mischungsverhältnis Füller : Bindemittel

und bestätigen somit wiederum die in anderem Zusammenhange vorher gemachten Feststellungen.

Es ließ sich voraussehen, daß die in Frage stehenden Grenzflächenvorgänge auch für das physikalische Verhalten der Anstrichfilme bedeutsam sein müssen, also jener Gebilde, die z. B. beim Trocknen der auf fester Unterlage dünn ausgestrichenen Ölfarben entstehen. Zu erwarten war aber, daß bei diesen Ölfarbenanstrichen die Verhältnisse noch wesentlich verwickelter liegen würden als bei Bitumen oder Kautschuk enthaltenden Mischungen, da sich chemische Zusammensetzung und physikalisches Verhalten der als Bindemittel dienenden Öle beim Trocknen der Farbe und dem später einsetzenden und fortschreitenden Alterungsprozeß ständig ändern.

Wie bereits früher angeführt (vgl. S. 5) und wohl zuerst von H. Wolff[1] zum Ausdruck gebracht wurde, stellen schon die flüssigen Ölfarben keineswegs einfache Gemenge von Bindemittel und Farbkörpern dar, und so war zu erwarten, daß dies auch für die aus ihnen gebildeten Anstrichfilme zutrifft. Nachdem H. Wolff festgestellt hat, daß sich die Eigenschaften einer Farbe nicht einfach als Summe der Eigenschaften von Bindemittel und Farbkörper ergeben, wird es verständlich, daß es für jeden Farbkörper und bestimmten Vermahlungsgrad einen optimalen Ölgehalt gibt, dessen Überschreitung die Farbe in anstrichtechnischer Hinsicht nicht verbessert. Die in Laienkreisen vielfach gehegte Ansicht, daß eine Farbe um so besser sei, je mehr Öl sie enthalte, ist also abwegig. H. Wolff und G. Zeidler[2] konnten dies durch Versuche bestätigen, bei denen sie die Reißfestigkeit von Filmen ermittelten, die aus Ölfarben ansteigenden Ölgehaltes (25 bis 50%) gewonnen waren. Hierbei ergab sich, daß die Maximalwerte der Reißfestigkeit der Filme bei verschiedenen Farbkörpern bei verschiedenen Ölgehalten erreicht wurden. Bei Vorliegen eines einfachen Gemenges von Farbkörper und Öl wäre zu verstehen, daß die Reißfestigkeit mit steigendem Ölgehalt ständig absinkt. Dies ist aber nach den Ergebnissen von H. Wolff und G. Zeidler nicht der Fall, sondern es tritt mit steigendem Ölgehalt, nachdem ein Maximum erreicht ist, zunächst ein Festigkeitsabfall ein, dem ein Wiederanstieg folgt, ohne daß aber die Höhe des Maximalwertes wieder erreicht wird.

Hingewiesen sei in diesem Zusammenhang auch auf Untersuchungen von H. Geret[3], bei denen Grenzflächen-

[1] Korrosion u. Metallschutz Bd. 1 (1925) S. 6
[2] Korrosion u. Metallschutz Bd. 1 (1925) S. 35
[3] Untersuchungen über Grenzflächenbeziehungen zwischen der festen und der flüssigen Phase von Suspensionen, unter besonderer Berücksichtigung anstrichtechnischer Probleme. Bericht Nr. 56 der Eidgenössischen Materialprüfungsanstalt an der T. E. H. in Zürich, Juli 1931

beziehungen zwischen anorganischen Farbkörpern und organischen Flüssigkeiten — u. a. auch von Leinölfirnis — studiert wurden.

Wenn nun auch — wie dies wenigstens das Schrifttum erkennen läßt — bisher nur vereinzelt wenig eingehende Untersuchungen über die Auswirkungen der Grenzflächenvorgänge zwischen Bindemitteln und Farbkörpern auf die physikalischen, insbesondere mechanischen Eigenschaften der Anstrichfilme durchgeführt worden sind, so lassen doch schon die Feststellungen von H. Wolff und G. Zeidler erkennen, daß die gleichen Faktoren maßgebend sein werden, die bei den vorher erwähnten Bindemittel-Füllermischungen sich als richtunggebend erwiesen haben. Zu erwarten ist, daß ein systematisches Studium der Grenzflächenbeziehungen zwischen Farbkörpern und Bindemitteln in Anstrichfilmen zur Klärung so mancher heute noch auf diesem Gebiete bestehender Fragen wird beitragen können.

An Hand der bisher gegebenen Beispiele läßt sich also zusammenfassend sagen, daß ein Vermischen organischer Bindemittel mit geeigneten pulverförmigen Stoffen eine weitgehende Abwandlung bestimmter, technisch wichtiger physikalischer Eigenschaften dieser Bindemittel gestattet; hierdurch wird es ermöglicht, diese Eigenschaften den Bedürfnissen des praktischen Gebrauches dieser Bindemittel anzupassen. Ja es gelingt sogar durch zweckentsprechende Dosierung solcher pulveriger Stoffe, die Leistungsfähigkeit der Bindemittel nach bestimmten Richtungen hin weit über das hinaus zu steigern, was sie allein zu leisten imstande sind. Typische Beispiele hierfür sind die Verbesserungen der Temperaturkonstanten der bituminösen Bindemittel durch Einmischen von bestimmten Mineralmehlen und die ganz wesentlichen Erhöhungen, welche die Zerreißfestigkeit des Kautschuks durch die Gegenwart „aktiver" Füllstoffe erfährt. Die Anwendung solcher für ein gegebenes Bindemittel geeigneter pulverförmiger Stoffe führt also bei zweckentsprechender Dosierung zu einer Veredelung des Bindemittels.

Sucht man nun nach einer Erklärung für diese eigenartige Wirkungsweise der pulverförmigen Stoffe auf die Bindemittel, so muß man sich zunächst einmal darüber im klaren sein, daß es bei dem derzeitigen Entwicklungsstande des hier in Frage stehenden Forschungsgebietes noch nicht möglich sein wird, ein Bild zu formen, das den gemachten Beobachtungen bis in alle Einzelheiten gerecht wird. Hinzu kommt, daß zwar — wie wir gesehen haben — für die verschiedensten Bindemittel einiges Versuchsmaterial vorliegt, daß aber eine systematische Durchforschung der Wirkungsweise der verschiedenen pulverförmigen Stoffe auf die einzelnen Bindemittel noch aussteht. Immerhin läßt sich aber doch schon einiges Tatsachenmaterial beibringen, welches einen ungefähren Überblick über die obwaltenden Verhältnisse gestattet.

Wie schon R. Wilhelmi[1] in seiner Arbeit über die Wirkung der Füllermehle auf die mechanischen Eigenschaften der bituminösen Bindemittel anführte, ist bekannt, daß die Oberfläche der Füllerteilchen der Sitz eines Kraftfeldes ist. Dieses rührt von mehr oder weniger bestimmt gerichteten Restkräften der kleinsten Massenteilchen (Atomen oder Atomgruppen) in der Grenzschicht her, die — zum Unterschied von den im Innern der Teilchen gelagerten — an der Oberfläche ungesättigt in die Nachbarphase hineinragen. Bei diesen als „Streuungsfelder" oder „Restvalenzen" bezeichneten Oberflächenkräften handelt es sich um Reste der chemischen Atomkräfte, die aber nicht mehr so spezifisch vektoriell wie die reinen Valenzkräfte wirken. Eingehender befaßt sich H. Geret[1] — unter Heranziehung der grundlegenden Arbeiten von W. Harkins, L. Langmuir u. a. — mit diesen Streuungsfeldern, dessen Arbeit auch die folgenden Ausführungen entnommen sind.

Diesen Streuungsfeldern kommt nun an der Grenzfläche einer festen und einer flüssigen Phase — also bei allen Benetzungsvorgängen — besondere Bedeutung zu, denn hier berühren sich beide Phasen mit Grenzflächen, in denen Moleküle unter außergewöhnlichen Bedingungen stehen. Nähern sich nämlich eine feste und eine flüssige Phase bis zur Berührung (Benetzungsvorgang), so sättigen sich die von jeder Oberfläche aus in die angrenzende Phase hinein wirksamen Restkräfte gegenseitig ab. Dies hat zur Folge, daß die Häufung an „freier Oberflächenenergie" der beiden Oberflächen an der neugebildeten Grenzfläche fest-flüssig vermindert wird, und zwar wird ein Teil zur Adhäsion verwendet, ein anderer bleibt als sog. „freie Energie der Zwischenschicht" erhalten und der Rest wird in kinetische Energie umgewandelt, die in Form von Wärme — sog. Benetzungswärme — auftritt.

Den Beweis dafür, daß diese Vorstellungen auch auf die „verstärkende" oder „stabilisierende" Wirkung von Füllermehlen auf organische Bindemittel zutreffen — daß also diese Wirkung auf physiko-chemische Wechselbeziehungen von Bindemittel und Füller in der Grenzschicht zurückzuführen ist —, erbrachten die Arbeiten von L. Hock[2]. Er bediente sich zur Ermittelung der Grenzflächenenergie zwischen Kautschuk und Füllstoffen eines kalorimetrischen Verfahrens. Bei der Quellung einer Mischung aus Kautschuk und einem Füllstoff in Benzin erfolgt einerseits Quellung des in ihr enthaltenen Kautschuks, andererseits Benetzung der Füllstoffteilchen mit Benzin. Beide Vorgänge sind mit Wärmetönungen verbunden, die zunächst für sich bestimmt werden können, also einerseits am reinen Kautschuk, andererseits am Füllstoffpulver. Es läßt sich dann errechnen, welcher Effekt für die in der Mischung enthaltenen Mengen von Kautschuk und Füllstoff zu erwarten wäre, sofern nicht für die bei der Quellung eingetretene Aufhebung der zwischen Kautschuk und Füllstoff bestehenden Adhäsionskraft Energie verbraucht wird, die sich in einer zusätzlichen negativen Wärmetönung äußert. Die Differenz zwischen jener berechneten und der beobachteten Wärmetönung bei der Quellung der füllstoffhaltigen Mischung ergibt dann im Sinne des Hessschen Gesetzes[3] den Wert der bei der Benetzung von Kautschuk und Füllstoff auftretenden Adhäsionswärme, und zwar, da hierbei die Benetzung durch das Dazwischentreten des

---

[1] Bitumen 1931, S. 25

[1] Bericht Nr. 56 der Eidgenössischen Materialprüfungsanstalt an der E. T. H. Zürich

[2] K. Memmler: Handb. d. Kautschuk-Wissenschaft, S. 564

[3] J. Eggert: Lehrb. d. physikal. Chemie auf elementarer Grundlage. 2. Aufl., S. 264. Leipzig 1929

Benzins aufgehoben wird, mit negativem Vorzeichen. Bei der Berechnung der Benetzungswärme von Kautschuk und einem „aktiven" Gasruß — also eines solchen, durch dessen Gegenwart die Zerreißfestigkeit des Kautschuks erhöht wird — ergab sich folgendes:

Aus der Quellungswärme des Kautschuks, die zu —0,1 cal je Gramm gemessen wurde, und der Benetzungswärme des Rußes, die +2,8 cal je Gramm betrug, berechnet sich ohne Berücksichtigung der eben zu bestimmenden Adhäsionswärme für eine Mischung aus 85% Kautschuk und 15% Ruß dieser Zusammensetzung entsprechend eine Quellungswärme von $-0{,}85 \cdot 0{,}1 + 0{,}15 \cdot 2{,}8 = 0{,}335$ cal je Gramm bei Anwendung von Benzin als Quellungsmittel. Beobachtet wurde jedoch eine Wärmetönung von —0,35 cal. Die Differenz von 0,68 cal entspricht also der gesamten Grenzflächenenergie zwischen Kautschuk und Ruß, die es zu überwinden galt, um die Trennung herbeizuführen. Auf 1 g des angewendeten Rußes entfallen somit +4,53 cal Benetzungswärme gegenüber Rohkautschuk. Da eine chemische Reaktion zwischen Kautschuk und Ruß nicht eintritt, müssen sich beim Vermischen beider physikochemische Vorgänge in der Berührungszone abspielen, die — wie das Auftreten der Benetzungswärme zeigt — mit einer Verminderung der „freien Oberflächenenergie" beider Mischungsbestandteile verbunden sind und somit zu einem energieärmeren System in der Grenzschicht führen. Daß sich solche physiko-chemischen Vorgänge auch beim Vermischen anderer, hier interessierender Stoffe abspielen, ergibt sich aus den Ergebnissen der schon mehrfach erwähnten Untersuchungen von H. Geret; er ermittelte z. B. für den Farbkörper „Titanoxyd M" gegenüber dem Bindemittel Leinölfirnis (Säurezahl 0,86) eine Benetzungswärme von 6,2 cal/10 g.

Da es sich also um Vorgänge handelt, an denen nur die Oberflächen der Mischungsbestandteile beteiligt sind, so wird verständlich, daß nicht das Gewicht, sondern lediglich die Oberflächenentfaltung von Bedeutung sein kann. Diese wird aber zunächst einmal bestimmt von der Korngröße des festen Stoffes, also von feinem Mahlungsgrad. In welchem Maße die Oberflächenentfaltung eines festen Stoffes mit dem Grade der Zerkleinerung gesteigert wird, lehrt folgende Zusammenstellung des Oberflächenwachstums eines Würfels bei zunehmender dezimaler Zerteilung[1]:

Zahlentafel 3

Seitenlänge	Anzahl der Würfel	Gesamte Oberfläche
1 cm	1	6 cm²
1 mm	10^3	60 „
0,1 „	10^6	600 „
0,01 „	10^9	6000 „
1 μ	10^{12}	6 m²
0,1 „	10^{15}	60 „
0,01 „	10^{18}	600 „

Neben dem Zerteilungsgrad ist auch die Teilchengestalt bzw. die Oberflächenform der Einzelteilchen für die Größe der Oberfläche einer gegebenen Füllermenge mitbestimmend. So müssen ja Körper ebener Begrenzungsflächen eine kleinere Oberfläche haben als solche, deren Begrenzungsflächen nicht eben, sondern stark zerklüftet sind. Hinzu kommt dann noch, daß nach L. Langmuir[1] die z. B. durch Zerklüftung der Oberfläche bedingten Kanten, Einbuchtungen, Spitzen usw., Stellen besonderer Oberflächenaktivität sind, d. h. sie beteiligen sich bei Hinzutreten z. B. eines Bindemittels am stärksten an den hier interessierenden Vorgängen. An solchen Kanten, Spitzen usw. treten nämlich besondere Häufungen von Kraftfeldern auf, weil relativ mehr ungesättigte Massenteilchen auf die Flächeneinheit entfallen. Als Maß für die Oberflächenrauheit von Füllern und Farbkörpern kann — soweit nicht Zusammenballungen von Einzelteilchen in Luft störend wirken — das Verhältnis von Schüttvolumen zu absoluter Raumerfüllung, also die „Sperrigkeit", angesehen werden.

Außer der Größe und Oberflächenform der einzelnen Füller- oder Farbkörperteilchen kommt als maßgebender Faktor naturgemäß auch noch das Mischungsverhältnis Bindemittel zu Feststoff hinzu. Mit steigendem Zusatz eines Füllers oder Farbkörpers zu einer gegebenen Bindemittelmenge wächst ja zwangsläufig auch die Fläche, mit der beide in Oberflächengemeinschaft stehen.

Wie nun aber die unterschiedliche „stabilisierende" Wirkung eines Füllermehls auf verschiedene Bindemittel (vgl. z. B. S. 3) erkennen läßt, muß neben der Oberflächengröße auch die chemische Natur der am Grenzflächenvorgang beteiligten Stoffe eine nicht zu unterschätzende Rolle spielen. Daß dem so ist, ergibt sich aus den herrschenden Vorstellungen über die physikochemischen Wechselbeziehungen zwischen miteinander in Berührung stehenden Feststoffen und Flüssigkeiten, die durch ein umfangreiches Beobachtungsmaterial gestützt sind. Diese Wechselbeziehungen, die in einer den Molekülen aller chemischen Verbindungen — auch der sog. gesättigten — anhaftenden Anziehungskraft zum Ausdruck kommen, bestehen sowohl zwischen gleich- wie verschiedenartigen Molekülen. In Fällen, in denen es sich um die Wechselwirkung zwischen Flüssigkeiten und Feststoffen handelt, können diese Anziehungskräfte — wie sich dies schon beim Kautschuk zeigte — angenähert durch die Benetzungswärme gemessen werden. Wie verschieden aber diese Kräfte zwischen einem bestimmten Feststoff und verschiedenartigen Flüssigkeiten einerseits und einer bestimmten Flüssigkeit und verschiedenartigen Feststoffen andererseits sein können, mögen folgende Untersuchungsergebnisse zeigen, die einer Arbeit von L. Gurwitsch[2] entnommen sind:

Zahlentafel 4

Flüssigkeit	cal je 1 g	
	Floridin S	Tierkohle
Wasser	30,1	18,5
Aceton	27,3	19,3
Methylalkohol	21,8	17,6
Amylalkohol	10,9	10,6
Chloroform	8,4	14,0
Benzol	5,6	11,1
Tetrachlorkohlenstoff	4,6	8,4
Schwefelkohlenstoff	4,2	13,9

---

[1] Aus Wo. Ostwald: Die Welt der vernachlässigten Dimensionen, 9. u. 10. Aufl. (1927) S. 117

[1] Vgl. z. B. J. Amer. chem. Soc. Bd. 40 (1918) S. 1361
[2] Kolloid-Z. Bd. 32 (1923) S. 80

L. Gurwitsch macht darauf aufmerksam, daß nach seinen Ergebnissen sauerstoffhaltige Verbindungen mit sauerstoffhaltigem Floridin mehr Wärme als mit Tierkohle entwickeln, und umgekehrt Kohlenwasserstoffe mit Kohle größere Benetzungswärmen als mit Floridin ergeben. Hiernach lägen ähnliche Verhältnisse wie bei der Löslichkeit vor, wo ebenfalls kohlenstoffreiche Stoffe sich vorzugsweise in Kohlenwasserstoffen, sauerstoffreiche dagegen in Wasser und Alkohol auflösen. Auf Grund dieser Beobachtungen teilt L. Gurwitsch die Verbindungen in bezug auf ihre gegenseitige Anziehungskraft in 2 Gruppen ein, nämlich solche, die gegenüber sauerstoffhaltigen (oxophil) und solchen, die gegenüber kohlenstoffreichen (carbophil) eine besondere Verwandtschaft besitzen. Diese Verwandtschaft, die in der physikalisch-chemischen Anziehungskraft zum Ausdruck kommt, unterscheidet sich aber von der chemischen Affinität durch das Fehlen stöchiometrischer Verhältnisse und auch darin, daß die chemische Affinität zwischen 2 Elementen oder Verbindungen im allgemeinen um so geringer ist, je ähnlicher sie sich sind. Als Beispiel hierfür weist L. Gurwitsch auf die Reihe der Halogene hin, in der die benachbarten Glieder miteinander gar nicht oder nur unter Bildung höchst unbeständiger Verbindungen reagieren, während die in der Reihe durch ein Glied voneinander getrennten Fluor und Brom bzw. Chlor und Jod viel beständigere Verbindungen ergeben. Die Verbindung der beiden extremen Glieder der Halogenreihe — das Jodfluorid — schließlich siedet unzersetzt. Demgegenüber wird aber beim Benetzen eines Sauerstoff enthaltenden Feststoffes mit sauerstoffhaltigen Flüssigkeiten mehr Wärme entwickelt als beim Benetzen desselben Feststoffes mit kohlenstoffreichen Flüssigkeiten; umgekehrt gibt Kohle mit kohlenstoffreichen Flüssigkeiten mehr Benetzungswärme als mit sauerstoffhaltigen. Im Sinne der Anschauungen L. Gurwitschs läßt sich also folgendes sagen:

Die chemische Affinität wirkt — in eine bestimmte Zahl chemischer Valenzen geteilt — nur auf kleinste atomare Entfernungen; sie ist streng spezifisch und ihrer Größe nach eine Funktion einerseits der chemischen Potentiale jedes Atoms für sich und andererseits des Grades der chemischen Heterogenität der betreffenden Elemente infolge des elektro-chemischen Charakters der Valenz. Die physiko-chemische Anziehungskraft hingegen wirkt zwischen elektrisch neutralen Molekülen auf relativ große Entfernungen von mehreren Molekülschichten; sie nimmt wie die Gravitationskraft mit der Masse der Moleküle zu und ist nicht in Valenzen geteilt, d. h. sie führt nicht zu stöchiometrischen Verhältnissen. Sie wirkt wie die chemische Affinität spezifisch, aber in dieser Beziehung genau entgegengesetzt, denn ihre Größe nimmt nicht mit der Heterogenität, sondern mit der Homogenität der in Wechselbeziehung tretenden Stoffe zu.

Daß ganz gleiche Verhältnisse wie bei den von L. Gurwitsch untersuchten Flüssigkeiten chemisch einheitlicher Natur auch bei den hier interessierenden Kombinationen von Feststoffen mit den wesentlich komplizierter zusammengesetzten organischen Bindemitteln obwalten, ergibt sich aus Versuchen H. Gerets (loc. cit.). Er ermittelte z. B. die Benetzungswärme eines Leinöl-

firnisses gegenüber dem Farbkörper „Titanoxyd M" zu 6,2 cal/10 g und gegenüber „Zinkweiß Lindgens" zu 1,6 cal/10 g.

Vorstehende Ausführungen lassen zur Genüge erkennen, daß die größere oder geringere „verstärkende" oder „stabilisierende" Wirkung pulverförmiger Stoffe auf organische Bindemittel nicht auf einer dem festen Stoff oder dem Bindemittel an sich zukommenden Eigenschaft beruht, sondern daß es sich bei den fraglichen Erscheinungen um die Auswirkung der physiko-chemischen Vorgänge handelt, die sich beim Vereinigen beider Körperklassen an den in innige Berührung kommenden Oberflächen — also lediglich in der Grenzschicht — abspielen und deren Größenordnung mit dem Grade der physikalisch-chemischen Verwandtschaft zwischen Bindemittel und Feststoff in Beziehung steht. So ist es erklärlich, daß ein Mineralmehl auf verschiedene organische Bindemittel in der hier in Frage stehenden Hinsicht ganz verschieden wirkt. Daß der Grad der physikochemischen Verwandtschaft aber wiederum nicht nur von der stofflichen Zusammensetzung der Mischungsbestandteile abhängt, dafür geben Versuchsergebnisse von R. Marc[1] auf dem Gebiete der Adsorption Fingerzeige, ein Gebiet, welches mit dem hier behandelten in enger Beziehung steht. Wie sich aus nachstehender Zusammenstellung ergibt, fand nämlich L. Marc, daß die Adsorption von Farbstoffen aus ihren Lösungen durch Magnesiumkarbonat und andere anorganische Feststoffe nicht nur von der chemischen Zusammensetzung, sondern auch von dem kristallographischen Aufbau des adsorbierenden Materials abhängt:

Zahlentafel 5

Farbstoffe	Böhm. Magnesit gemahlen	$MgCO_3$ gefällt sphärolithisch	$MgCO_3$ gefällt rhomboedrisch
Methylenblau . .	fast vollst.	0,12	0,23
Chinolingelb . .	1,50	0,087	0,057
Ponceaurot . . .	0	0,55	0,16
Methylviolett .	fast vollst.	3,17	stark

Während also natürlicher Magnesit Methylenblau und Methylviolett sehr stark und Ponceaurot fast gar nicht adsorbiert, ist das Adsorptionsvermögen des sphärolithisch ausgebildeten Magnesiumkarbonats gerade gegenüber Ponceaurot und auch gegenüber Methylviolett sehr kräftig, gegenüber Methylenblau aber sehr schwach. Das rhomboedrisch ausgebildete Magnesiumkarbonat wiederum verhält sich gegenüber den bisher genannten Farbstoffen ähnlich wie der natürliche Magnesit, unterscheidet sich aber von ihm im Adsorptionsvermögen für Chinolingelb.

Diese Beobachtungen von L. Marc lassen sich ungezwungen mit den früher gemachten Feststellungen in Verbindung bringen, daß sich wohl mit feinpulveriger Kreide, nicht aber mit ebensolchem Kalkspat ein brauchbarer Glaserkitt herstellen läßt, und daß — nach den Versuchen H. W. Gonells — die „stabilisierende" Wirkung von Kalkstein- und Marmormehl nicht gleich ist. Daß neben der chemischen Zusammensetzung eines Stoffes auch der kristallographische Aufbau für die physikalisch-

---

[1] Z. physik. Chem. Bd. 75 (1911) S. 710

chemische Verwandtschaft gegenüber anderen Mischungsbestandteilen mitbestimmend sein wird, läßt sich insofern erwarten, als die für diese Verwandtschaft maßgebenden Streuungsfelder an der Oberfläche der festen Körper mit der räumlichen Anordnung der Atome bzw. Moleküle in Zusammenhang zu bringen sind, die ja bei Kristallen verschiedener Kristallsysteme eine unterschiedliche ist.

Da aber die physiko-chemische Verwandtschaft zwischen den hier interessierenden Stoffen auf die in innige Berührung gebrachten Oberflächen der Mischungsbestandteile beschränkt bleibt, muß es möglich sein, durch Veränderung der Oberflächenbeschaffenheit des festen Stoffes oder durch Zugabe geeigneter Materialien zum Bindemittel diese Verwandtschaft im gewünschten Sinne abzuwandeln. Eines solchen Verfahrens bedienten sich W. Geißler (s. S. 7) und J. Jachzel (s. S. 6); der eine, indem er durch Vorbehandlung des Gesteins mit geeigneten Stoffen, der andere, indem er durch Zugabe von Kalkhydrat zum Gemenge von Quarzsand mit konzentrierter Bitumen-Emulsion das Haftvermögen des Bitumens am Feststoff erhöhte. Hier wird die Oberfläche des Gesteins mit einem festhaftenden Überzug eines Materials versehen, das zum Bindemittel größere physiko-chemische Verwandtschaft besitzt, als das Gestein selbst. Außer durch eine solche vermittelnde Zwischenschicht läßt sich aber die physiko-chemische Verwandtschaft des Gesteins zum Bindemittel auch dadurch im gewünschten Sinne abwandeln, daß an letzterem Material durch Vorbehandlung günstig wirkende Veränderungen vorgenommen werden, wie dies z. B. beim Blasen oder Schwefeln von Bitumen usw. technisch durchgeführt wird.

Als Gesamtbild der bisherigen Betrachtungen hat sich also ergeben, daß die „verstärkende" oder „stabilisierende" Wirkung der Füllstoffe oder Füller auf organische Bindemittel abhängig ist:

1. Von der Art des Füllers (von seinem kristallographischen und chemischen Aufbau bzw. der chemischen Beschaffenheit seiner Oberflächenschicht).

2. Von der Oberflächenentfaltung des Füllers (seiner Kornfeinheit und Oberflächengestaltung).

3. Von der Art des Bindemittels (seiner chemischen und physikalischen Beschaffenheit im Zeitpunkt des Vermischens mit dem Füller und späterhin).

4. Von dem Mischungsverhältnis Füller zu Bindemittel.

Zu erörtern wäre nun noch die Frage, wieso die physikalischen Eigenschaften eines Bindemittels mit wachsenden Mengen an einverleibtem Füller im technischen Sinne eine Steigerung erfahren können und wieso die für diese Eigenschaften ermittelten Werte mit wachsendem Füllergehalt der Mischung einem Maximum zustreben, um nach Überschreiten einer bestimmten Füllerkonzentration wieder abzufallen.

Wie früher zum Ausdruck gebracht wurde, besteht über die Ursache der „verstärkenden" Wirkung der Füller die begründete Vorstellung, daß bei inniger Vereinigung physiko-chemisch verwandter Füller und Bindemittel eine gegenseitige Absättigung der von jeder Oberfläche aus in die angrenzende Phase hinein wirksamen „Restkräfte" stattfindet. Dies hat zur Folge, daß die Häufung an „freier Oberflächenenergie" der beiden Oberflächen an der neugebildeten Grenzfläche Füller/Bindemittel vermindert wird; ein Teil wird zur Adhäsion verwendet, ein anderer bleibt als sog. „Energie der Zwischenschicht" erhalten, und der Rest wird in kinetische Energie umgewandelt, die in Form von Wärme — sog. Benetzungswärme — in die Erscheinung tritt. In der Grenzschicht Bindemittel/Füller ist also während des Vermischens ein neuartiges, energieärmeres System entstanden, das in bezug auf das ursprünglich angewendete Bindemittel — infolge der Energieverminderung — andere physikalische Eigenschaften hat. Es liegen hier Verhältnisse vor, wie sie z. B. vom Steinkohlen-Teerpech her bekannt sind. Solches Pech besteht aus flüssigen und festen Anteilen, die sich voneinander trennen lassen. Keiner dieser Bestandteile ist für sich allein ein brauchbares Bindemittel, ihr Gemisch aber — wie es sich bei der Gewinnung des Peches von selbst ergibt — ist das für viele Zwecke hochgeschätzte Bindemittel. In einer Hinsicht unterscheidet sich aber dieses Beispiel von den hier interessierenden Fällen, denn Bitumen, Kautschuk usw. sind für sich allein schon gute Bindemittel; sie können aber durch Zusatz zweckentsprechender Mengen geeigneter Füller den Bedürfnissen der verschiedenen Verwendungszwecke noch besser angepaßt, d. h. leistungsfähiger gestaltet, also veredelt werden.

Wird nun ein solcher verstärkend wirkender, also „aktiver" Füller einer bestimmten Menge eines organischen Bindemittels in wachsenden Beträgen einverleibt, so werden sich ständig zunehmende Mengen des Bindemittels an der gegenseitigen Absättigung der von jeder Oberfläche aus in die angrenzende Phase hinein wirksamen Restkräfte beteiligen, bis schließlich ein Zustand erreicht ist, in dem die Gesamtmenge des Bindemittels an diesen Absättigungen teilgenommen hat. Dann ist die Grenze für die Auswirkung der physiko-chemischen Oberflächenvorgänge und damit die Grenze für die Steigerungsfähigkeit der physikalischen Eigenschaften des Bindemittels durch Zusatz eines „aktiven" Füllers — also z. B. der erreichbare Höchstwert der Zugfestigkeit eines Gemisches von Kautschuk und einem „aktiven" Gasruß — erreicht. Werden dann dem Bindemittel noch weitere Füllermengen zugegeben, so steht kein „freies" Bindemittel mehr zur Verfügung, welches die neu hinzukommenden Füllerteilchen umhüllen kann. Es befinden sich nunmehr Füllerteilchen in der Mischung, die mit dem Bindemittel keine Oberflächengemeinschaft besitzen; sie wirken als Ballast, also z. B. vermindernd auf die Zugfestigkeit, wie dies ein vollkommen „oberflächen-inaktiver" Füller von vornherein tun muß.

Die Auffassung, daß z. B. höchste Festigkeiten von Bindemittel-Füllergemischen nur erzielt werden können, wenn das Bindemittel zwischen den einzelnen „oberflächenaktiven" Füllerteilchen in dünnster Schicht vorliegt, deckt sich mit Erfahrungen beim Kitt-, Klebe- und Verleimungsvorgang. Jedem mit den hierfür geeigneten Bindemitteln arbeitenden Handwerker ist bekannt, daß höchste Vereinigungsfestigkeit nur erzielt werden kann, sofern die Kitte, Leime oder Klebstoffe in dünner Schicht zwischen die zu verbindenden festen Körper gebracht werden; andernfalls wird nur eine Festigkeit erhalten, die nicht über diejenige des angewendeten Bindemittels hinausgeht. Wie nun aber bereits am Anfang dieser Abhandlung erwähnt wurde, kann zwischen dem Verkitten, Verkleben oder Verleimen großer Stücke eines gegebenen festen Stoffes mit einem organischen Bindemittel und der Vereinigung staubfeiner Teilchen desselben Stoffes durch das gleiche Bindemittel kein grundsätzlicher Unterschied bestehen, sofern nur die zwischen die Feststoffteile gebrachte Bindemittelschicht eine jedem Fall angemessene Stärke hat.

Haben nun bisher nur Fälle Berücksichtigung gefunden, in denen einem organischen Bindemittel ein Stoff in Pulverform zugegeben wurde, so soll jetzt noch kurz auf die Frage des Verhaltens von Füllstoffgemischen eingegangen werden. Gerade diesem Fall kommt für gewisse Zweige der Technik ganz besondere Bedeutung zu; enthalten doch z. B. die meisten Kautschukmischungen gleichzeitig mehrere Füllstoffe in den verschiedensten Konzentrationen. Die Gründe hierfür können die verschiedenartigsten sein. Entweder soll die Gummiware durch den Gebrauch solcher Füllstoffgemische den Erfordernissen eines bestimmten Verwendungszweckes besonders gut angepaßt werden, was sich bei Benutzung eines Füllstoffes nicht erreichen läßt, oder es soll hierdurch die Verarbeitung der Kautschukmischung erleichtert werden, und schließlich können es auch wirtschaftliche Gründe sein, welche die Verwendung von Füllstoffgemischen geboten erscheinen lassen. So enthalten die Kautschukmischungen meist sowohl „oberflächenaktive" wie „inaktive" Füllstoffe gleichzeitig. Trotz der Wichtigkeit dieses Gegenstandes für so manche Zweige der Technik sind aber die Kenntnisse über die gegenseitige Beeinflussung verschiedener aktiver Füllermehle im Gemisch mit organischen Bindemitteln noch sehr gering. Nur auf dem Gebiete des Kautschuks liegen einige wenige systematische Arbeiten vor[1]. Ihre Ergebnisse lassen erkennen, daß das Verhalten der Füllergemische nur im Bereiche geringer Konzentrationen im Bindemittel gesetzmäßig verläuft, und daß sich nur hier die Zugfestigkeit der Fertigware additiv aus dem Verhalten der einzelnen Komponenten errechnen läßt. Bei Vorliegen höherer Konzentrationen (über 20 Volumina) aber beginnen sich die Füllstoffe gegenseitig zu beeinflussen und z. B. an der vollen Entwicklung ihrer „verstärkenden" Wirkung zu hindern. So kommt also beim Vorliegen größerer Mengen von Füllergemischen noch ein weiterer Faktor hinzu, der für die Auswirkung der „verstärkenden" oder „stabilisierenden" Wirkung von Füllern für organische Bindemittel richtunggebend ist.

Die im vorstehenden gegebenen Beispiele für die Wirkung von Füllern und Füllergemischen auf die physikalischen Eigenschaften technisch wichtiger Bindemittel — deren Zahl an Hand des Schrifttums sicher noch vermehrt werden könnte — lassen zusammen mit den sonstigen Ausführungen wohl zur Genüge erkennen, welch umfangreiches Arbeitsgebiet sich dem Chemiker, Physiker und Ingenieur zu erschließen beginnt[1]. Wenn dann noch darauf hingewiesen wird, daß auch Anzeichen für eine günstige Wirkung zweckmäßig ausgewählter Füller auf die Wetterbeständigkeit der organischen Bindemittel vorhanden sind, so rundet sich das Bild von der großen technischen Bedeutung der physiko-chemischen Wechselbeziehungen zwischen den Bindemitteln und den ihnen einverleibten pulverigen Feststoffen. Was bisher auf den hier in Frage kommenden Gebieten der Technik an Untersuchungs- und Erfahrungsmaterial vorliegt, stellt meist nur einen Ansatz zum tieferen Eindringen in dieses Neuland dar; es kann kein Zweifel darüber bestehen, daß noch viel Arbeit geleistet werden muß, ehe die Beantwortung aller heute noch bestehenden Fragen möglich sein wird. So ist zu wünschen, daß sich die Fachgenossen in steigender Zahl diesem reizvollen und dankbaren Forschungsgebiet zuwenden; nach dieser Richtung hin anregend zu wirken, ist der alleinige Zweck vorstehender Ausführungen.

---

[1] Vgl. E. H. Hauser: Handb. d. ges. Kautschuk-Technologie S. 245

[1] Über die Rolle, die Grenzflächen-Wirkungen für die Erklärung mechanischer Vorgänge spielen, wird in einem Beitrag auf S. 87/88 dieses Heftes berichtet

Sonderdruck aus
„Archiv für orthopädische und Unfall-Chirurgie", Bd. 36, 5. Heft.
Verlag von Julius Springer in Berlin W 9.

(Aus der I. Chirurgischen Universitätsklinik Berlin [Direktor: Prof. Dr. G. Magnus] und dem Staatlichen Materialprüfungsamt Berlin-Dahlem [Präsident: Dr. Ing., Dr. Ing. Eh. E. Seidl].)

Knochenbrüche, beurteilt nach den Grundsätzen und Erkenntnissen der technischen Mechanik.

Von

Dr. med. W. Haase und Dipl.-Ing. G. Richter.

Mit 24 Textabbildungen.

(Eingegangen am 27. Januar 1936.)

I. Einleitung.

Bisher wurde vielfach aus der im Röntgenbild sichtbaren Bruchform von manchen Knochenbrüchen auf die Beanspruchungsart geschlossen, die den Bruch veranlaßt hat. Man zog die in den medizinischen Lehrbüchern für die verschiedenen Beanspruchungsarten angegebenen Beispiele von Knochenbrüchen zum Vergleich heran. Die praktische Erfahrung lehrt aber, daß oft das, was der Verletzte in der Vorgeschichte über die Entstehung seines Bruches behauptet, mit einem solchen Schluß aus dem Röntgenbild nicht übereinstimmt. Wer auf schulmäßig gelehrten Entstehungsmechanismus unverrückbar eingestellt ist, macht sich dann seine Vorstellung an Hand des Röntgenbildes und führt die dem nicht entsprechende Darstellung des Verletzten einfach auf dessen Shockzustand oder kurze Bewußtseinstrübung zurück.

In diesen Lehrbüchern sind Anschauungen über den Mechanismus von Knochenbrüchen enthalten, die den Erkenntnissen aus der Mechanik und der Werkstoffprüfung meist nicht entsprechen und besonders den bei jedem Bruch wesentlich mitwirkenden Schubspannungen in keiner Weise gerecht werden.

Es erschien den Verfassern (auf eine Anregung von Herrn Prof. Dr. Ing. Kuntze) daher angebracht, die Erkenntnisse und Erfahrungen mit Werkstücken aus diesen Gebieten im Vergleich mit entsprechend gestalteten und beanspruchten Knochen anzuwenden.

Es werden hier nur die bleibenden Verformungen behandelt. Die jeder bleibenden Formänderung vorangehende elastische, d. h. nach Entfernung der Belastung auf den Ursprungszustand wieder zurückgehende Verformung wird als für den Bruch unwesentlich und für diese Arbeit zu weitgehend nicht erörtert.

Ferner sei darauf hingewiesen, daß es sich bei den hier angeführten Knochenuntersuchungen nur um einige Stichproben von Versuchen an markanten und in ihren Eigenschaften möglichst unterschiedlichen Knochen handelt. Sie sollen einen ersten Überblick für die Anlegung von durch ausreichend viele Beispiele belegten Untersuchungen, die recht kostspielig wären, geben.

II. Schema des grundsätzlichen Mechanismus der möglichen Brüche.

Was sind nun die Eigenschaften und Ursachen, die zu einem Bruch und zu den verschiedenen Brucharten führen?

1. Die (äußere) Beanspruchungsart (Zug, Druck, Verdrehung, Knickung, Biegung, s. Abb. 1, Sp. 1).

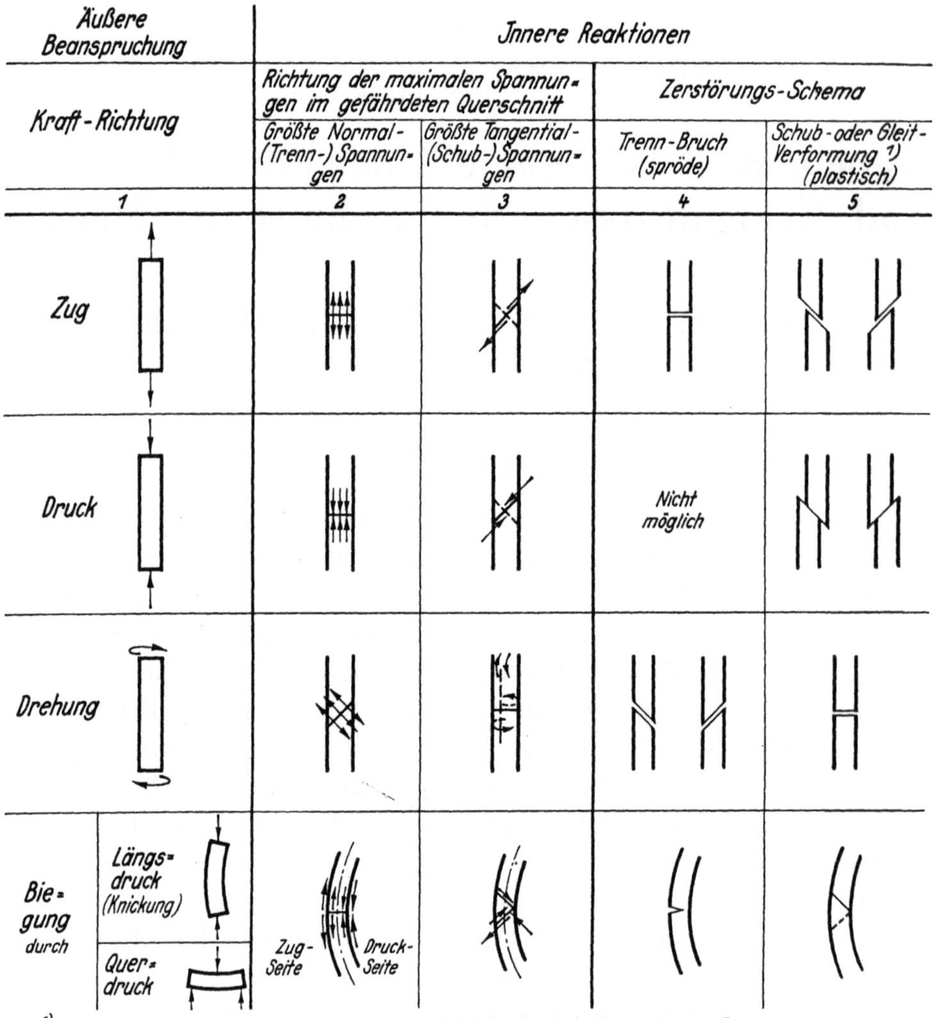

Äußere Beanspruchung	Innere Reaktionen			
Kraft-Richtung	Richtung der maximalen Spannungen im gefährdeten Querschnitt		Zerstörungs-Schema	
	Größte Normal-(Trenn-)Spannungen	Größte Tangential-(Schub-)Spannungen	Trenn-Bruch (spröde)	Schub- oder Gleit-Verformung [1]) (plastisch)
1	2	3	4	5
Zug				
Druck			Nicht möglich	
Drehung				
Biegung durch Längsdruck (Knickung) / Querdruck	Zug-Seite / Druck-Seite			

[1]) Nach mehr oder weniger großen Verformungen erfolgt der Bruch in der verformten Zone

Abb. 1. Schema des Mechanismus der Bruch-Formen.

2. Die (inneren) Spannungsreaktionen, die in dem Körper durch die Beanspruchungen nach 1. erzeugt werden (Normalspannungen, Schubspannungen Abb. 1, Sp. 2 und 3).

3. Die Art und Neigung des Werkstoffes bzw. des Körpers (plastisch, spröde, Abb. 1, Sp. 4 und 5) auf die inneren Spannungen nach 2. zu reagieren.

Die äußeren Beanspruchungen sind schematisch in der Abb. 1, Sp. 1 angegeben. Es wird hierbei grundsätzlich Zug, Druck, Verdrehung und Biegung (Knickung) unterschieden.

Diese äußeren Beanspruchungen verursachen innere Spannungen, die in Normal- oder Trennspannungen und Tangential- oder Schub- (Gleit)-spannungen eingeteilt werden. Nach den Gesetzen der Mechanik haben diese Spannungen ihre Größtwerte in bestimmten Richtungen, die in den Spalten 2 und 3 für einen Querschnitt gezeichnet sind [1].

In diesen Richtungen „verformt" sich und „bricht" der Körper bei genügend hoher Belastung entweder durch die Normal- oder Trennspannung als Trennbruch (Abb. 1, Sp. 4) oder durch die Tangential- oder Schubspannungen als Gleit- oder Schubbruch (Abb. 1, Sp. 5). Näheres später.

Diese Brucharten sind abhängig davon, ob der Körper sich spröde (Trennbruch) oder plastisch (Gleitbruch) verhält, d. h., wird ein Körper so belastet,

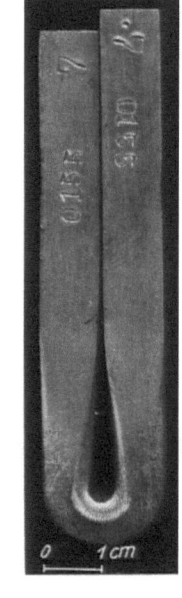

Abb. 2. Abb. 3.

Abb. 2. Biegung. Probe aus weichem Stahl, statisch gebogen. Plastisches Verhalten ohne Bruch (die Kanten sind im Bereich der Biegung vor dem Versuch abgerundet, um Kantenrisse zu vermeiden). Aufn. M. P. A., Berlin-Dahlem.

Abb. 3. Biegung. Probe aus weichem Stahl, dynamisch gebogen (Kerbschlagversuch). Spröder Bruch. Aufn. M. P. A., Berlin-Dahlem.

daß er bricht, so verformt er sich entweder vorher plastisch oder geht ohne Verformung spröde zu Bruch.

Plastisch (bildsam) = ein Körper verformt sich mit ausgeprägten Gestaltsveränderungen vor dem Bruch. Spröde = ein Körper bricht ohne Gestaltsveränderung.

Beides tritt gewöhnlich miteinander verknüpft auf. Nach E. Seidl spricht man dann ganz nach dem Verhältnis der beiden Verformungserscheinungen, von „quasi-plastischem" oder „quasi-sprödem" Verhalten. (Quasi-plastisch = im allgemeinen ausgeprägte Gestaltsänderungen jedoch mit teilweisen sprunghaften, spröden Brucherscheinungen oder spröder Bruchlage. Quasi-spröde

---

[1] Diese Spannungen treten auch in spiegelbildartig zugeordneten Querschnitten auf, die in den Sp. 2 und 3 gestrichelt angedeutet sind.

= im allgemeinen spröde Brucherscheinungen, jedoch mit teilweise plastischer Gestaltsänderung oder plastischer Bruchlage.)

Diese Erscheinungen können, wenn man von Temperatureinflüssen absieht, ihre Ursache in der Eigenart des Werkstoffes selbst haben (plastisch z. B. weicher Stahl, spröde z. B. Gußeisen) oder auch in der Art wie die Belastung wirkt (statisch = ruhende bzw. langsam sich steigernde Belastung, oder dynamisch = schlagartig auftretende Belastung). Ein weicher Stahl z. B., der langsam gebogen wird, bricht nicht unter dieser Beanspruchung (Abb. 2), sondern verformt sich nur plastisch, während er schlagartig belastet, spröde bricht und dementsprechend ein sprödes Bruchgefüge aufweist (Abb. 3).

Man kann also nicht sagen, daß der Körper von

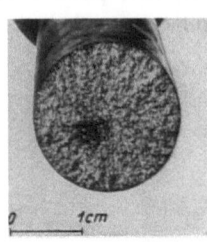
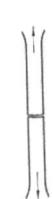

Abb. 4.
Abb. 5.

Abb. 4. Zug. Trennbruch (sprödes Gußeisen). Aufn. M. P. A., Berlin-Dahlem.

Abb. 5. Zug. Fließfiguren am Zugstab einer Aluminiumlegierung. Der Bruch tritt in einer dieser Schublinien ein. Auf. M. P. A., Berlin-Dahlem.

Natur aus spröde oder plastisch ist, sondern nur angeben, daß der brechende Teilbereich des Körpers beim Bruch spröde oder plastisch reagiert (Seidl).

Knochen sind unter den ihnen als Körper vorgeschriebenen Bedingungen als quasi-spröde einzuordnen, wobei junge Knochen mehr zu plastischem und alte Knochen mehr zu sprödem Verhalten neigen und bei dynamischen Beanspruchungen, die wohl fast ausschließlich die praktisch vorkommenden Knochenbrüche verursachen [1], als spröde anzusehen sind.

Wie kommt nun eine bleibende Verformung zustande?

Ist der Körper spröde, also gleitfest aber nicht reißfest, dann wirken die Normalspannungen und der Körper bricht z. B. bei Zugbeanspruchung entsprechend Abb. 4. Ist der Körper plastisch, d. h. reißfest aber nicht gleitfest, so gleitet er unter der Wirkung der Schubspannungen ab (Abb. 5).

Es sei an dieser Stelle ausdrücklich betont, daß die in diesem Kapitel und in der Abb. 1 durchgeführte strenge und für das Verständnis der Begriffe notwendige Einteilung in die einzelnen Beanspruchungsarten, Spannungen, Verformungen usw. eigentlich nur für den

---

[1] Es ist den Verfassern z. B. bei statischen Längsdruckversuchen mit Oberschenkelknochen von Rindern und Schweinen nie gelungen, Brüche am Schaft zu erzeugen, obgleich die Enden in einer Form gelagert wurden, in die sie mit Zement bzw. mit einem niedrigschmelzenden Metall (Schmelzpunkt etwa 90°) eingegossen wurden. Hierbei wurden außerordentlich hohe Lasten (7000 kg beim Schwein) erreicht. Der Bruch fing regelmäßig in den weicheren Gelenken (Epiphyse) an, während Brüche in dem festeren, aber spröden Schaft, wie sie praktisch vorkommen, nur bei dynamischer (schlagartiger) Beanspruchung im Fallwerk mit Schlagarbeiten von 60 mkg an erzielt wurden.

Idealfall eines völlig homogenen spröden oder plastischen Körpers von absolut gleichmäßiger Gestalt bei ganz eindeutigem Kraftangriff gilt. In der Praxis wird man jedoch nur von einer „vorherrschenden" Beanspruchungsart sprechen können, weil, selbst wenn es möglich wäre, die Kraft genau zentrisch auf die Probe zu übertragen, doch durch natürliche Inhomogenitäten des Werkstoffes und ungleichmäßige Probengestalt mehrere Beanspruchungen gleichzeitig auftreten, wobei dann aber — je nach ihrer Größenordnung — die eine oder die andere die Verformung und damit auch den Bruch maßgebend beeinflußt. Dies gilt selbstverständlich in besonderem Maße für Knochen, also Körper, die weder eine — geometrisch gesehen — gleichmäßige Gestalt (z. B. zylindrisches Rohr) noch eine völlig homogene Struktur haben.

In den folgenden Kapiteln sind bei den angegebenen Beanspruchungsarten usw. daher immer die „vorherrschenden" bzw. die „beabsichtigten" gemeint.

III. Brüche von Werkstücken aus Metall und Holz.

1. Zug — Druck.

Obgleich bei den hier behandelten Knochen eine vorherrschende Zugbeanspruchung kaum oder nur in Teilbereichen bei Biegebeanspruchung auftritt, so sollen doch bei den technischen Vergleichskörpern Zugversuche behandelt werden, weil diese einen besseren Einblick in die Verformungsvorgänge geben als Druckversuche.

Die Richtung der größten auftretenden Schubspannungen liegt bei Zug- (und Druck-)körpern nach Abb. 1, Sp. 3 etwa unter einem Winkel von 45° zur äußeren Kraftrichtung.

Man kann dies besonders gut an den Fließlinien des in Abb. 5 gezeigten, flachen Aluminiumstabes erkennen; das sind Verformungslinien, die fast ausschließlich in Richtung der größten Schubspannungen liegen und nach der Überschreitung der Elastizitätsgrenze den Beginn plastischer Verformung erkennen lassen. Wird diese Verformung durch weitere Belastung so gesteigert, daß sie das Formänderungsvermögen des Stoffes überschreitet, so tritt der Gleitbruch in dieser Schräglage ein (Schiebold-Richter).

Bei zylindrischen Körpern, aus plastischen oder quasi-plastischem Stoff, z. B. dem Kupferstab (Abb. 6) und dem Stahlrohr (Abb. 7) nimmt der endgültige Gleitbruch oft spiralförmige Gestalt an, indem er von einer Schubfläche zur anderen überspringt, wie es schematisch in der Abb. 7a angedeutet ist. Bei beiden Proben war durch feste Einspannung eine Verdrehung ausgeschlossen.

Den Unterschied zwischen Gleit- und Trennungsbruch und den hierzu nötigen Kraftaufwand kann man sich am besten an folgendem Beispiel klarmachen: Zwei geschliffene Glasplatten, die — etwas eingefettet — aufeinander gelegt werden, können leicht nur durch Verschiebung in Richtung ihrer Berührungsflächen getrennt werden (Gleitbruch), während eine Lösung in Richtung senkrecht zu diesen Flächen (Trennbruch) eine sehr erhebliche Kraft erfordert. Daher wird dieser Trennbruch nur erfolgen, wenn die Kraftrichtung genau senkrecht zu den Gleitflächen liegt oder die Gleitung sonst irgendwie behindert ist.

Die hier behandelten Körper sind nun aber nicht homogen, sondern sie bestehen aus vielen solchen kleinen Plattenverbindungen (Feinstruktur), z. B. Metalle aus Kristallen[1], oder Holz, Knochen aus Zellen[2], die mehr oder weniger „regelmäßig" angeordnet sind.

---

[1] Obgleich z. B. die Metalle aus einem im allgemeinen regellos angeordneten Haufwerk von anisotropen Kristallen bestehen, verhält sich der Metallkörper (bei genügender Feinheit der Einzelkristalle) fast wie ein homogener, isotroper Körper und wird daher nach Voigt als quasi-isotroper Körper bezeichnet. — [2] E. Seidl „Individualprinzip" Bd. I a. a. O. nennt diese Körper, die aus Zellen zusammengesetzt sind, Körper mit „Skelettstruktur". „Skelettkörper" sind Körper mit tragender und für die Verformung maßgebender Wandung, die eine Füllmasse umschließt.

In den verschiedenen Richtungen ist nicht nur die Festigkeit dieser Kristalle und Zellen, sondern auch die Festigkeit der Verbindung der einzelnen Bauelemente sehr ungleich. Wird ein solcher Körper belastet, so verformt er sich,

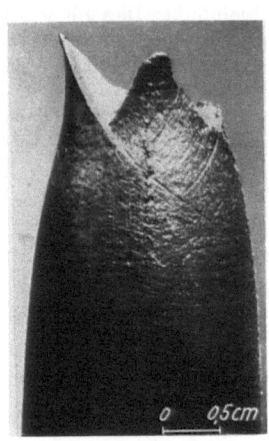   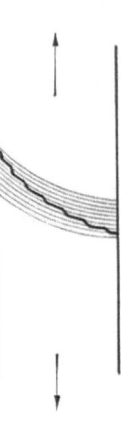

Abb. 6.   Abb. 7a.   Abb. 7b.

Abb. 6. Zug. Spiralförmiger Gleitbruch eines Kupferstabes. Aufn. M. P. A., Berlin-Dahlem.

Abb. 7a. Zug. Zerrissenes Stahlrohr mit spiralförmigem Bruch. Aufn. M.P.A., Berlin-Dahlem.

Abb. 7b. Entstehen eines Spiralbruches durch Springen eines Gleitbruches in benachbarte Schublinien (schematisch).

wenn es nur irgend geht, ähnlich wie die Glasplatten durch Gleiten längs der Verbindungsflächen der einzelnen Kristalle und Zellen. Oft tritt noch eine zusätzliche Bewegung der Kristalle oder Zellen ein, indem sie in Richtung des geringsten Widerstandes umklappen, wie es z. B. aus dem in Abb. 8 gezeigten Holzwürfel ersichtlich ist. Nur wenn diese Gleitung aus stofflichen oder äußeren Gründen behindert ist oder die Belastung (bei schlagartiger Beanspruchung) so schnell erfolgt, daß zur Gleitung keine Zeit mehr ist, und damit die Haftfestigkeit der einzelnen Bauelemente überwunden wird, reißt der Kristall

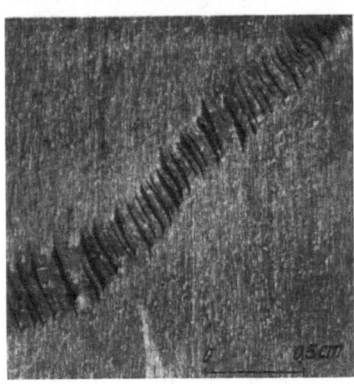 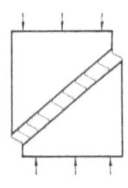

Abb. 8. Druck. Umklappen von Zellen in einer Gleitfläche (Holz). (W. Kuntze, Z. f. M. **1934**, S. 106.)

oder die Zelle in sich oder reißen diese voneinander unter Überwindung der molekularen Kräfte ab.

Bei zylindrischen Proben aus quasi-plastischem Stoff kommt gewöhnlich eine Bruchform zustande, die aus beiden Brucherscheinungen zusammengesetzt ist (s. Abb. 9a und 10). Außen ist ein Gleitbruch, innen ein Trennungsbruch sichtbar, während Proben aus quasi-sprödem Stoff zwar oft in Richtung des Gleitbruches, aber spröde ohne nennenswerte bildsame Formänderung brechen. Dieser Trennbruch kommt dadurch zustande, daß, wie es in Abb. 9b schematisch

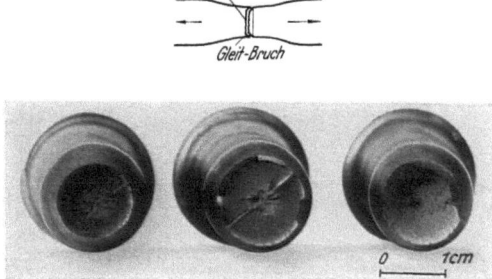

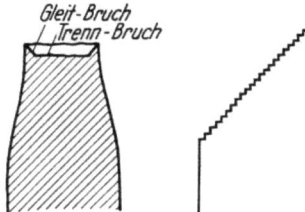

Abb. 9a.   Abb. 9b.   Abb. 10.

Abb. 9a. Zug. Bruchform bei „quasi-plastischem" Verhalten. (Bruch mit plastischer Gestaltsänderung, zum Teil als spröder Trennbruch, zum Teil als plastischer Gleitbruch.)

Abb. 9b. Zug. Bruchform bei „quasi-sprödem" Verhalten. (Bruch spröde, ohne Gestaltsänderung; treppenförmige Trennbrüche; Gesamtrichtung wie plastischer Gleitbruch.)

Abb. 10. Zug. Gleitbrüche (Rand) und Trennungsbrüche (Kern) von Stahlproben. Aufn. M. P. A., Berlin-Dahlem.

angedeutet ist, die einzelnen Kristalle oder Zellen bzw. deren Verbindungen in und senkrecht zur Richtung der Normalspannung (Abb. 1) brechen. Hierdurch entsteht ein treppenartiger Bruch, der in seinem Gesamtaussehen dann als Gleitbruch erscheint.

Beim Druckversuch treten die gleichen Erscheinungen wie beim Zugversuch auf (Abb. 11), jedoch mit dem Unterschied, daß bei Druckbeanspruchung ein Trennungsbruch, also ein Bruch senkrecht zur Kraftrichtung auch bei sprödem Werkstoff nicht erfolgen kann, weil die Normalspannungen den Körper wohl zusammendrücken, aber nicht trennen können. Es ist daher

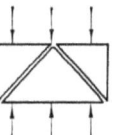

Abb. 11. Schlagdruck. Gleitbruch einer Schlagdruckprobe (Messing) (Schlagwirkung in Richtung der Kegelachse). Aufn. M. P. A., Berlin-Dahlem.

nur der Gleitbruch in Richtung der Schubspannungen möglich, der dann bei verhältnismäßig spröden Körpern zwangsläufig eintreten muß.

2. Verdrehung.

Bei Verdrehung eines (zylindrischen) Körpers ist die Kraftrichtung nicht ohne weiteres ersichtlich; aber nach den Gesetzen der Mechanik verlaufen die

Querschnittsflächen mit größten Normal- (Trenn-) Spannungen schräg und die Flächen mit größten Tangential- (Schub-) Spannungen axial und radial (Abb. 1), also gerade umgekehrt wie beim Zugversuch!

Der Bruch tritt daher analog zu dem bei den anderen Beanspruchungsarten Gesagten bei plastischen Stoffen in diesen beiden Schubrichtungen ein, wobei die Richtung senkrecht zur Stabachse infolge ihres geringeren Querschnittes natürlich den Vorzug hat (s. Stahlstab, Abb. 12), falls nicht durch Längsfaserung des Materials dieses in der Längsrichtung geringeren Widerstand gegen den Bruch aufweist (Holz und Knochen, Abb. 13).

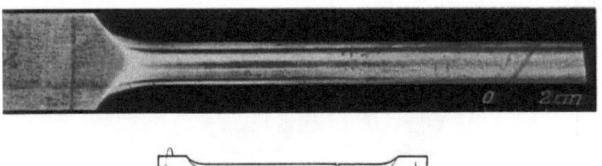

Abb. 12. Verdrehung. Gleitbruch senkrecht zur Längsachse eines verdrehten zähen Stahlstabes. Aufn. M. P. A., Berlin-Dahlem.

Dieser Bruch ist hier jedoch ein Trennungsbruch. Obgleich die größten Trenn- (Normal-) Spannungen in schräger Richtung auftreten, reißt der Körper in diesem Ausnahmefall in der Längsrichtung, weil hier die Haftfestigkeit äußerst gering ist. Der Trennungsbruch fällt dann zufällig in die Richtung der größten Schubspannung, obwohl eine Verformung gar nicht eintritt.

Bei spröden, verdrehten Körpern tritt der Trennungsbruch schräg zur Stabachse ein, wobei er auch hier, wie bereits bei dem Zugversuch erwähnt, durch Überspringen in benachbarte Spannungsebenen oft spiralförmige Form annimmt (s. Gußeisenstäbe, Abb. 14—16), ohne daß dieser Spiralbruch ganz allgemein

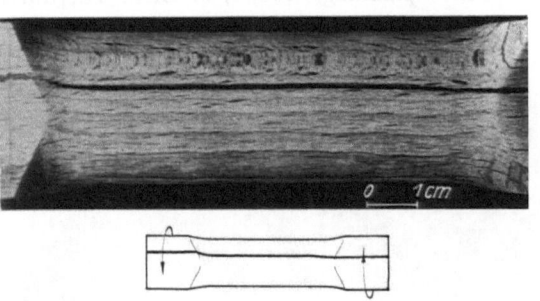

Abb. 13. Verdrehung. Längsbruch eines torquierten hohlen Holzstabes. Aufn. M. P. A., Berlin-Dahlem.

als Merkmal für einen Verdrehungs- oder, wie es in der „Medizin" heißt, Spiralbruch angesehen werden darf (z. B. beim Skifahren); denn der Gleitbruch bei Zugbeanspruchung verläuft oft ebenfalls spiralförmig (Abb. 6—7a).

Bei den Abb. 14—15 fällt besonders auf, daß diese Proben, die alle aus dem gleichen Gußeisen bestehen, nicht nur verschiedenartige Bruchformen (schräg, spiralförmig usw.) aufweisen, sondern daß auch diese Formen wechseln, ganz nach der Seite und Richtung, von der aus die Proben betrachtet werden. Diese Erscheinung ist daher besonders zu beachten bei der Auswertung der Röntgenbilder von Knochenbrüchen zur Klärung der vermutlichen Bruchursachen. Röntgenbilder müssen deshalb auch immer in mindestens zwei verschiedenen Ebenen aufgenommen werden.

3. Biegung (Knickung).

Bei einer Biegung (hierzu gehört auch die Knickung, die eine Biegung eines „schlanken" Körpers unter zusätzlichem Längsdruck ist) werden in dem Körper

Schubspannungen erzeugt, die wieder unter 45° zur angreifenden Kraft, also schräg zur Stabachse verlaufen (Abb. 1). Da bei Verbiegung eines Körpers dieser auf der einen Seite gezogen, auf der anderen Seite gedrückt wird (s. Abb. 1, Sp. 2), d. h. die in Richtung der Stabachse wirkenden Normalspannungen sind auf der konvexen Seite Zug-, auf der konkaven Seite Druckspannungen,

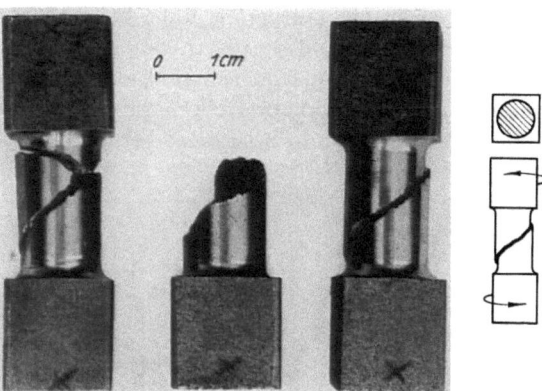

Abb. 14. Verdrehung. Verschiedene Bruchformen torquierter spröder Vollgußeisenstäbe. Aufn. M. P. A., Berlin-Dahlem.

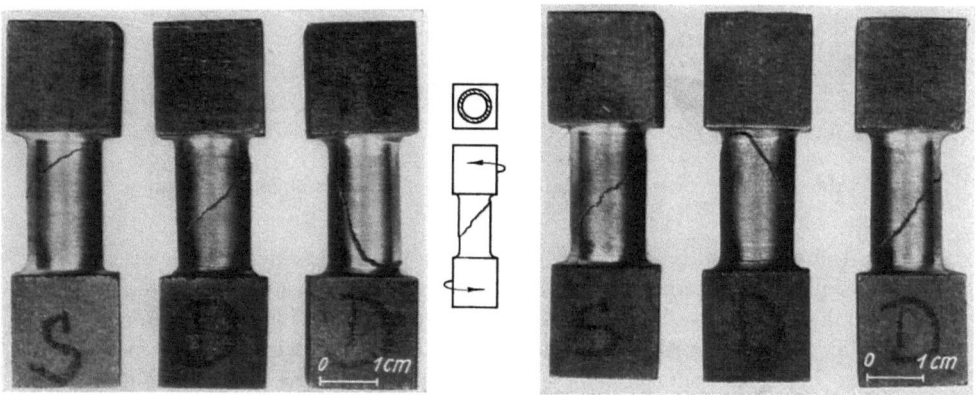

Abb. 15 u. 16. Verdrehung. Torquierte Gußeisenhohlstäbe (S statisch, D dynamisch). Dieselben Stäbe von verschiedenen Seiten aufgenommen. Schräge und spiralförmige Bruchform am gleichen Stab. Aufn. M. P. A., Berlin-Dahlem.

kann nach dem schon Gesagten ein Trennbruch nur auf der gezogenen Seite, eine Gleitverformung jedoch auf beiden Seiten eintreten (Abb. 1).

Da der Gleitbruch aber ein plastisches Formänderungsvermögen voraussetzt, tritt bei spröden Körpern nur der Trennungsbruch in Erscheinung. Dieser setzt sich dann durch den ganzen Querschnitt fort. Bei quasi-spröden Stoffen (Knochen) werden die Brucharten wieder oft so sein, daß das Bruchgefüge zwar spröde ist, die Bruchlage aber in Richtung des Gleitbruches liegt.

Aus den bisher gezeigten Brüchen aus dem Gebiete der Werkstoffprüfung dürfte hervorgehen, daß die Bruchformen bei den verschiedenen Beanspruchungen oft ähnlich bzw. gleich sind und — lediglich für sich behandelt — durchaus nicht eine jeder Beanspruchungsart eigentümliche Bruchform zeigen. Diese wird vielmehr maßgebend mitbestimmt durch Stoffart, Gestalt (Grobstruktur) und die Feinstruktur des Körpers.

Dasselbe tritt natürlich in viel stärkerem Maße bei Knochen auf. Dies wird verständlich, wenn man bedenkt, um wieviel inhomogener und ungleichmäßiger der Aufbau und die Gestalt von Knochen sind als bei Metallen. Gewiß hat der Knochen, wenn man von krankhaften oder präfrakturellen Veränderungen absieht, eine regelmäßige Struktur, doch ist diese bereits in ihren Elementen bei

Abb. 17a.

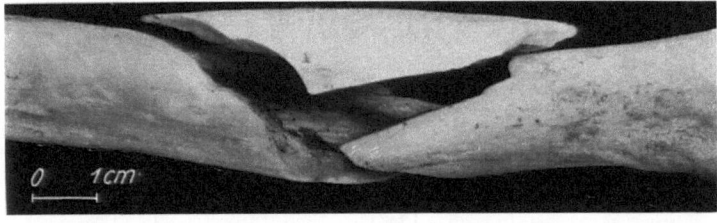

Abb. 17b.

Abb. 17a u. b. Druck. Spiralbruch des Femur eines 50jährigen Mannes.
Aufn. 1. Chir. Univers.-Klinik.

jedem Individium durch Alter, Konstitution usw. verschieden. Dazu kommt noch der nicht zu unterschätzende und mathematisch gar nicht zu fassende Einfluß der Knochenhaut, die den Knochen allseitig umschließt und zusammenhält, sowie die Wirkung der Muskeln und Sehnen. Hierdurch wird das Bild einer eindeutigen Beanspruchungsart und -spannung noch weiter getrübt. Diese den Knochen umgebenden Weichteile dürften aber in erster Linie die Größe der aufgewendeten Kraft durch ihre dämpfende Wirkung verringern, ohne auf die Kraftrichtung besonders bei den für Knochenbrüche maßgebenden dynamischen Belastungen wegen ihrer Plastizität einen wesentlichen Einfluß zu haben.

IV. Brüche von Röhrenknochen.

Die Verfasser haben nun verschiedene Knochen von Rindern, Schafen, Schweinen, Hühnern und auch Menschen in Werkstoff-Prüfmaschinen auf Verdrehung, Biegung, Knickung und Druck beansprucht, wobei besonders bei den Druckversuchen die Kraft dynamisch, also schlagartig (s. Anm. 2) aufgebracht werden mußte, um der Praxis entsprechende Brüche zu erzielen.

Ferner sei darauf hingewiesen, daß ebenso wie bei den technischen Vergleichskörpern, auch die für diese Versuche verwendeten Knochen für sich allein nur

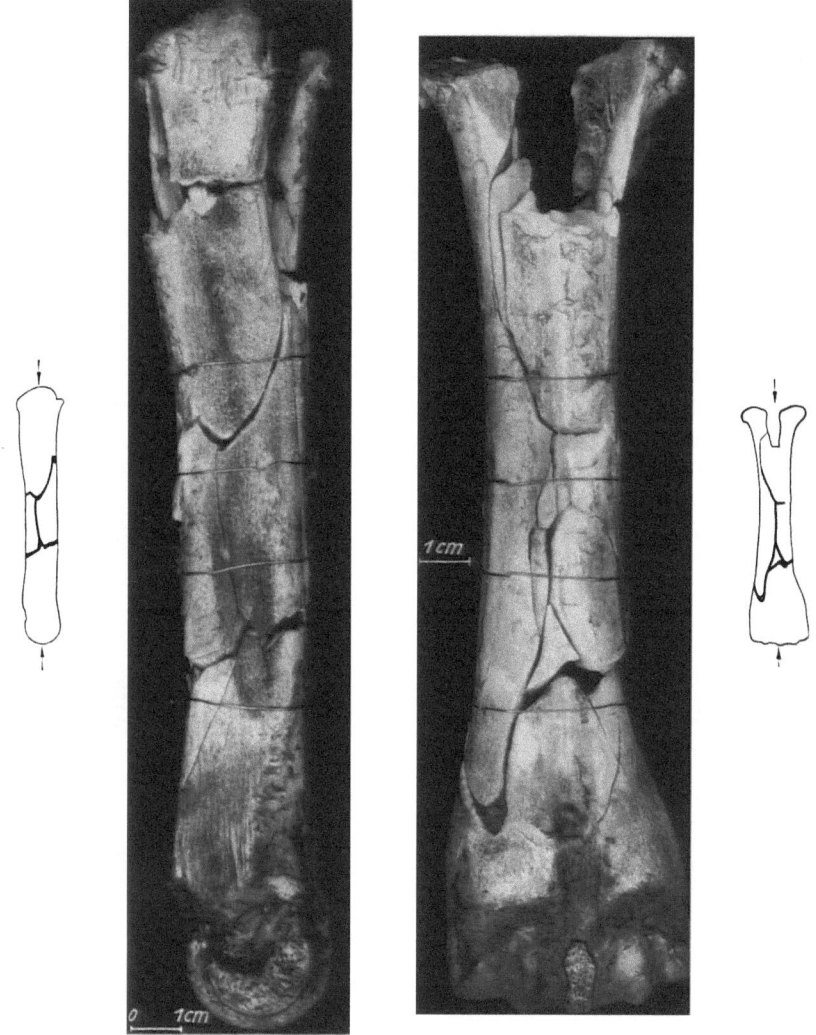

Abb. 18a.   Abb. 18b.
Abb. 18a u. b. Druck. Bruch eines längsgestauchten Schienbeins (2jähriger Bulle).
Aufn. M. P. A., Berlin-Dahlem.

mit Knochenhaut beansprucht wurden. Der Einfluß der Sehnen und Muskeln tritt hier also nicht in Erscheinung.

Wenn hier ausschließlich Röhrenknochen als Beispiele angeführt werden, so ist dies deshalb geschehen, weil diese in ihrer Gestalt am besten den technischen Vergleichskörpern (zylindrisches Rohr) ähneln und mit ihnen in Beziehung gebracht werden können. Der Aufbau und die Struktur der tragenden Bestandteile

(Skelett) des Knochens (Compacta, Spongiosa) sind von der Natur sinnreich der Gestalt und normalen Beanspruchungsart und Kraftrichtung gegebenen Funktion angepaßt. Bleibende Verformungen und Brüche sind also nur möglich, wenn die Beanspruchung entweder ganz ungewöhnlich gesteigert wird[1] oder aus einer anderen Richtung als der normalen wirkt.

1. Druck.

Nach dem in Abschnitt II. 1. Gesagten ist bei quasi-spröden Körpern bei Längs-Druckbeanspruchung ein schräger oder spiralförmiger Bruch zu erwarten, falls nicht infolge zusätzlicher Biegung (Knickung) quer verlaufende Trennbrüche auftreten oder bei großer Sprödigkeit ein Zersplittern eintritt. Die folgenden Abbildungen zeigen auch solche Brucherscheinungen, als Beispiel dafür, wie vorsichtig man bei der Feststellung der vermutlichen Bruchursache sein muß.

Abb. 17a und b zeigen z. B. das Oberschenkelbein (Femur) eines 50jährigen Mannes, das bei diesem Alter als bereits recht spröde

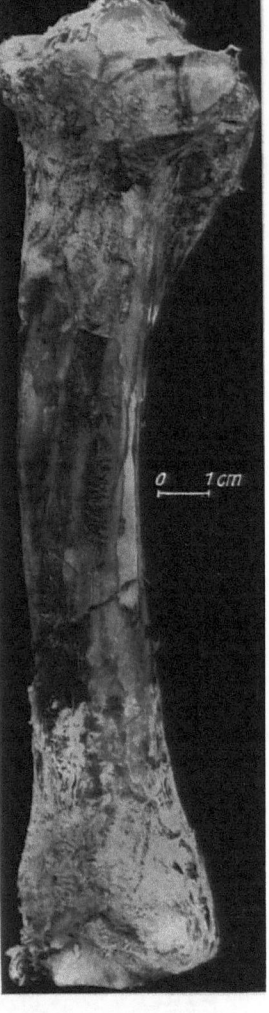

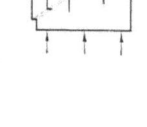

Abb. 19. Druck. Trennbruch zwischen 2 Gleitschichten (Holz). (W. Kuntze, Z. f. M. 1934, 106.)

Abb. 20. Druck. Gleitbruch eines längsgedrückten Schienbeins (3jährige Kuh). Aufn. M. P. A., Berlin-Dahlem.

anzusehen ist. Dieses wurde gut zentriert in einem Fallwerk auf Längsdruck beansprucht. Es trat hierbei ein spiralförmiger Bruch ein. Der Trennbruch konnte bei guter Zentrierung nach dem bei dem technischen Druckversuch Gesagten (s. Abb. 1, Sp. 4) nicht eintreten. Daher war zwangsläufig nur ein

---

[1] Die Natur arbeitet dabei mit sehr großen „Sicherheiten", wie es z. B. auch aus den in Anm. 1 Seite 544 angegebenen Versuchen hervorgeht.

schräger Gleitbruch möglich, der dann durch Überspringen in benachbarte Schubflächen spiralförmige Form annahm.

Alle nur irgendwie möglichen Bruchformen (längs, quer, schräg, spiralförmig) sieht man an dem auf gleiche Art beanspruchten Schienbein eines 2jährigen, also jungen Bullen (Abb. 18 a und b). Bei diesem Knochen überwiegen

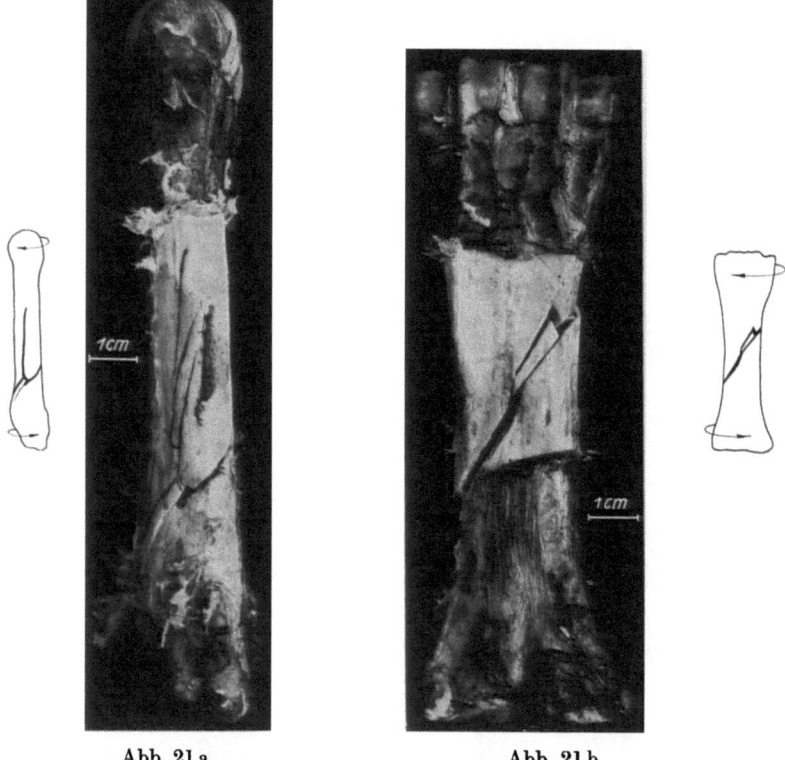

Abb. 21 a. Abb. 21 b.

Abb. 21 a. Verdrehung. Spiralförmiger Trennbruch des Schienbeins (Schwein) bei Verdrehung. Aufn. M. P. A., Berlin-Dahlem.

Abb. 21 b. Verdrehung. Schräger Trennbruch des Schienbeins (Schwein) bei Verdrehung. Aufn. M. P. A., Berlin-Dahlem.

die schrägen oder, was dasselbe ist, die spiralförmigen Bruchrichtungen. Die Brüche quer zur Achse deuten darauf hin, daß der Knochen auch von dem Längsdruck ausgeknickt wurde (Biegebruch), so daß also auch Trennungsbrüche gemäß Abb. 1 möglich waren. Diese quer gerichteten Trennbrüche dürften sogar die Ausgangsbrüche an der bei der Biegebeanspruchung konvexen, also gezogenen Seite gewesen sein und die anderen sich dann angeschlossen haben. Die Längsbrüche (in Richtung der Achse) sind ähnlich wie bei dem Holzwürfel (Abb. 19 und auch Abb. 13) dadurch zu erklären, daß innerhalb einer oder mehrerer Gleitflächen die Trennfestigkeit der Einzelzellen überwunden wurde.

Das in Abb. 20 wiedergegebene längsgedrückte Schienbein einer 3jährigen, also noch jungen Kuh zeigt dagegen nur den üblichen Gleitbruch schräg zur Achse. Hier scheint sowohl die Plastizität noch ziemlich groß zu sein, als auch nur reine Druckbeanspruchung gewirkt zu haben, so daß ein einwandfreier Schubbruch und kein Zersplittern eintrat.

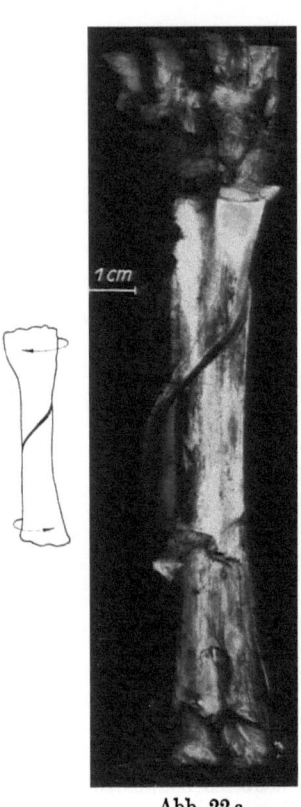 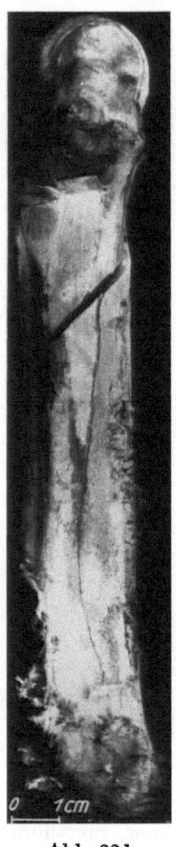 

Abb. 22a.   Abb. 22b.

Abb. 22a. Verdrehung. Spiralförmiger Bruch des Schienbeins (Schwein) bei Verdrehung. Aufn. M. P. A., Berlin-Dahlem.

Abb. 22b. Verdrehung. Schräger- und Längsbruch des Schienbeins (Schwein) bei Verdrehung. Aufn. M. P. A., Berlin-Dahlem.

2. Verdrehung.

Nach Abschnitt II. 2. und Abb. 1 sind bei Verdrehung der quasi-spröden bzw. spröden Knochen in erster Linie schräge bzw. spiralförmige Brüche zu erwarten, weil die für den Trennbruch maßgebenden Normalspannungen hier schräg zur Stabachse verlaufen.

Dementsprechend zeigen die in Abb. 21 und 22 wiedergegebenen Knochenbrüche bei Verdrehung des Schienbeins vom Schwein (von zwei Seiten a und b aufgenommen) fast durchweg schräge oder spiralförmige Brüche, und nur stellenweise Brüche in Richtung der Längsachse, die entweder auf Splittern oder ähnlich wie das Holzrohr (Abb. 13) auf sehr geringe Trennfestigkeit der Verbindungen der Längsfasern zurückzuführen sein dürften.

Interessant sind die Brüche der in Abb. 23 gezeigten torquierten Oberschenkelknochen von Hühnern. Der Bruch dieser als besonders spröde bekannten Knochen erfolgte bei allen Proben entsprechend Abb. 1, Sp. 4 schräg zur Stabachse, wobei durch Überspringen in benachbarte Ebenen zum Teil ein spiralförmiger Bruch zustande gekommen ist. Einige Knochen (der 2., 4. und 5. von links gesehen) sind zweimal gebrochen. Hierdurch sehen diese Brüche wie ein Biegebruch aus. Da nach Abb. 1, Sp. 4 ein schräger oder spiralförmiger Trennbruch bei Biegebeanspruchung nicht möglich ist, kann nur eine Torsionsbeanspruchung, die sich zufällig in 2 Ebenen ausgewirkt hat, die Bruchursache gewesen sein.

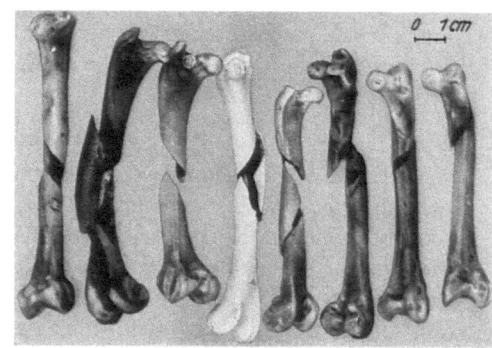

Abb. 23. Verdrehung. Bruchformen verdrehter Femora (Huhn). Aufn. 1. Chir. Univers.-Klinik.

3. Biegung (Knickung).

Bei den auf Biegung (Knickung) beanspruchten Hühnerknochen in Abb. 24 sind wieder verschiedene Brucharten zu erkennen. Die Brüche verlaufen,

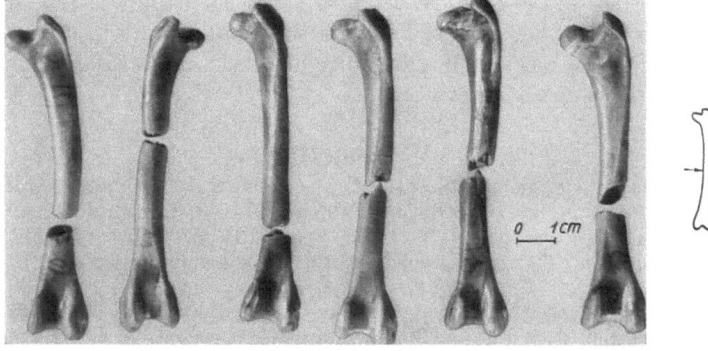

Abb. 24. Biegung. Bruchformen gebogener Femora (Huhn). Aufn. 1. Chir. Univers.-Klinik.

wie es bei den spröden Knochen zu erwarten ist, meist quer entsprechend Abb. 1, Sp. 4, jedoch sind auch einige Knochen zum Teil schräg gebrochen, was auf Splitterwirkung zurückzuführen ist.

Auch diese Beispiele zeigen, wie verschiedenartig bei beabsichtigt gleicher Beanspruchung die Bruchformen auftreten. Dies ist wie bereits in Kapitel II bemerkt, vor allem auf die unregelmäßige Gestalt und ihren ungleichmäßigen inneren Aufbau zurückzuführen. Es wird daher besonders bei Knochen nie von einer bestimmten, sondern nur von einer im ganzen oder in Teilbereichen vorherrschenden Beanspruchungs- und Bruchart gesprochen werden können.

Aus der für den Arzt im allgemeinen nur im Röntgenbild sichtbaren Bruchform wird somit nicht leichterhand ein Schluß auf die Beanspruchungsart, welche zum Bruch geführt hat, gezogen werden können. Nur bei eingehender Kenntnis der mechanischen Gesetze und der Erfahrungen aus der Werkstoffprüfung kann eine einigermaßen sichere Beurteilung — neben der medizinischen — stattfinden.

V. Zusammenfassung.

An Hand der Erkenntnisse aus der Werkstoffprüfung und der technischen Mechanik wird der Mechanismus von Knochenbrüchen im Vergleich zu Röhrenknochen ähnlichen Körpern aus Metallen und Holz bei verschiedenen Beanspruchungen (Druck-Zug, Torsion, Biegung-Knickung) erläutert. Es wird besonders auf die Neigung von belasteten Körpern hingewiesen, entweder unter Trennspannungen spröde, oder unter Schubspannungen plastisch sich zu verformen und zu brechen.

Es wird gezeigt, daß Brüche als Endzustand unter diesen Spannungen im allgemeinen nach vorangehender Verformung des Gesamtkörpers oder von Teilbereichen auftreten, und daß die Bruchform abhängig ist von den Stoffeigenschaften (Feinstruktur), von der Art der vorherrschenden (äußeren), oft zusammengesetzten Beanspruchungsart, von der Belastungsgeschwindigkeit und von der Gestalt, der Grobstruktur (z. B. „Skelett"struktur) der Proben, so daß die äußere Beanspruchung allein keine eindeutige Bruchform zur Folge hat.

Deshalb kann aus der z. B. im Röntgenbild sichtbaren Bruchform allein kein sicherer Schluß auf die Beanspruchungsart, die in erster Linie zum Bruch geführt hat, gezogen werden; vielmehr müssen noch die Gestalt, Grobstruktur und Stoffart (einschließend die Feinstruktur) sowie im übrigen die Gesetze der Mechanik und die aus der Werkstoffprüfung bekannten Erfahrungen und Erkenntnisse mitberücksichtigt werden.

VI. Schrifttum.

1. Kuntze, W.: Z. Metallkde **1934**, H. 5. — 2. Matti: Die Knochenbrüche und ihre Behandlung, Bd. 1. Berlin: Julius Springer 1918 u. 1931. — 3. Schiebold, E. u. G. Richter: Mitt. Mat.prüfgsanst., Sonderheft V, **1928**. — 4. Seidl, E.: Bruch und Fließformen der technischen Mechanik und ihre Anwendung auf Geologie und Bergbau, Bd. 1. VDI-Verlag 1936.

Dr. med. W. Haase, I. Univ.-Klinik, Berlin, Ziegelstr.

Dipl.-Ing. G. Richter, Staatl. Materialprüfungsamt, Berlin-Dahlem.

Gedanken über die Konstitutionsforschung der Metalle und Legierungen [1].
Von O. Bauer.
(Staatliches Materialprüfungsamt Berlin-Dahlem.)

Das Zustandsdiagramm bildet nach wie vor die Grundlage, die zur Erkenntnis der Abhängigkeit aller Eigenschaften einer Legierungsreihe von der Zusammensetzung und der thermischen Behandlung notwendig ist.

Es fragt sich aber wie weit heute diese Grundlage als gefestigt angesehen werden darf?

Die zu Beginn dieses Jahrhunderts einsetzende Konstitutionsforschung mußte zunächst mit unvollkommenem Rüstzeug arbeiten. Die ersten damals aufgestellten Zustandsdiagramme wiesen infolgedessen noch zahlreiche Lücken auf, die mit den noch unerforschten Gebieten eines neu entdeckten Erdteiles zu vergleichen waren. Erst mit der Vervollkommnung und Verfeinerung unserer Meßwerkzeuge, mit der Anwendung neuer Untersuchungsverfahren und mit der allmählich wachsenden theoretischen Erkenntnis über den inneren Aufbau unserer metallischen Stoffe konnten die Lücken ausgefüllt werden, so daß wir heute für die meisten Zweistoff-Legierungen ein phasentheoretisch lückenlos dastehendes Zustandsdiagramm vor uns zu sehen glauben.

Nun tritt aber folgende, den Leser irgendeines Diagrammes zunächst überraschende und beunruhigende Beobachtung immer wieder auf: Bei fast jeder Neubearbeitung eines bisher als feststehend angesehenen Zustandsdiagrammes durch einen anderen ernsthaften Forscher zeigen sich immer wieder neue Ergebnisse. Oft handelt es sich nur um geringfügige Ergänzungen oder Vervollständigungen, die in der Verbesserung der alten oder Anwendung neuer Untersuchungsmethoden ihre Erklärung finden könnten; oft aber gestaltet die Neubearbeitung entweder das ganze Diagramm oder Teile desselben so vollständig um, daß man das ursprüngliche kaum wiedererkennt.

Ein kennzeichnendes Beispiel ist die allmähliche Entwicklung des Zustandsschaubildes Aluminium-Zink (Abb. 1), das in seiner neuesten Gestalt (Abb. 2) mit dem ersten (Abb. 1a) nur noch die eutektische Horizontale bei etwa 380° gemeinsam hat. Nach röntgenographischen Untersuchungen von Oven und Pickup[2] sollen neuerdings die Gebiete β und γ bei etwa 370° und 70% Zn ohne Unterbrechung ineinander übergehen, so daß auch die von anderen For-

[1] Originalveröffentlichung.
[2] Philos. Mag. Bd. 2 (1935), S. 761.

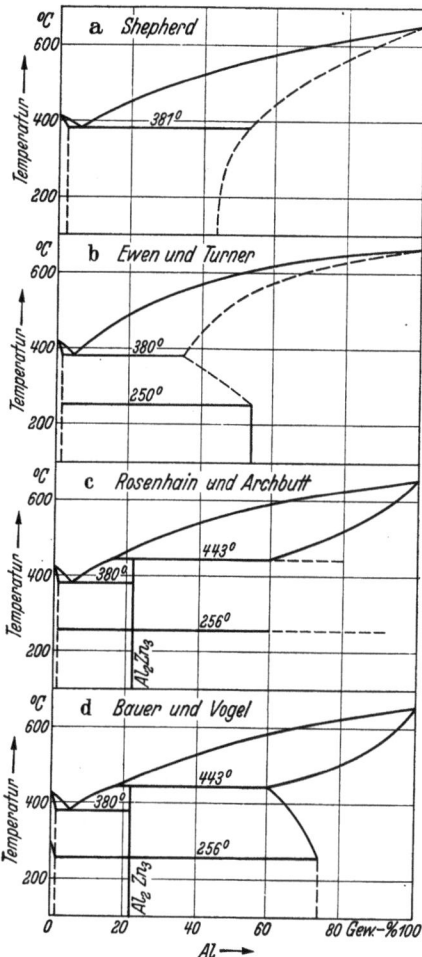

Abb. 1. Aluminium-Zink-Diagramme nach verschiedenen Forschern.

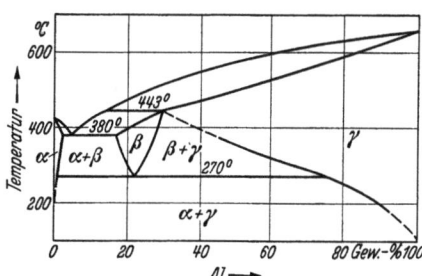

Abb. 2. Diagramm nach Hanson und Gayler.

schern einwandfrei festgestellte Peritektikale bei 443° wieder in Wegfall kommt.

Das wichtige, die ganze Eisen und Stahlgewinnung und -verarbeitung beherrschende Kohlenstoff-

Eisen-Diagramm ist, trotz jahrzehntelanger Forschung auch heute noch nicht als endgültig geklärt anzusehen. Erst kürzlich ist wieder von Honda[1] der Standpunkt vertreten worden, daß nicht das System Graphit-Eisen, sondern das System Karbid-Eisen dem stabilen Gleichgewichtszustand entspricht.

Sehr kennzeichnend ist ferner die Entwicklung des Kupfer-Zinn-Diagrammes, namentlich in seinem mittleren Teil zwischen 20 und 50% Sn.

Abb. 3 gibt eine Übersicht[2] dieser, von zwölf ernsthaften Forschern auf Grund von Versuchen aufgestellten Teildiagramme. Jedes Teildiagramm weicht von dem vorhergehenden in sehr wesentlichen Punkten ab.

In neuester Zeit ist ein weiterer Beitrag zu der viel umstrittenen **Frage des Kupfer-Zinn-Diagramms** von Haase und Pawlek[3] (Abb. 4) erschienen, der wieder ganz neue Phasengleichgewichte bringt; darunter eine neue, bisher von keinem Forscher festgestellte Horizontale bei etwa 350° und einen, von allen bisherigen Ergebnissen völlig abweichenden Verlauf der Löslichkeitskurve von Kupfer für Zinn im festen Zustand.

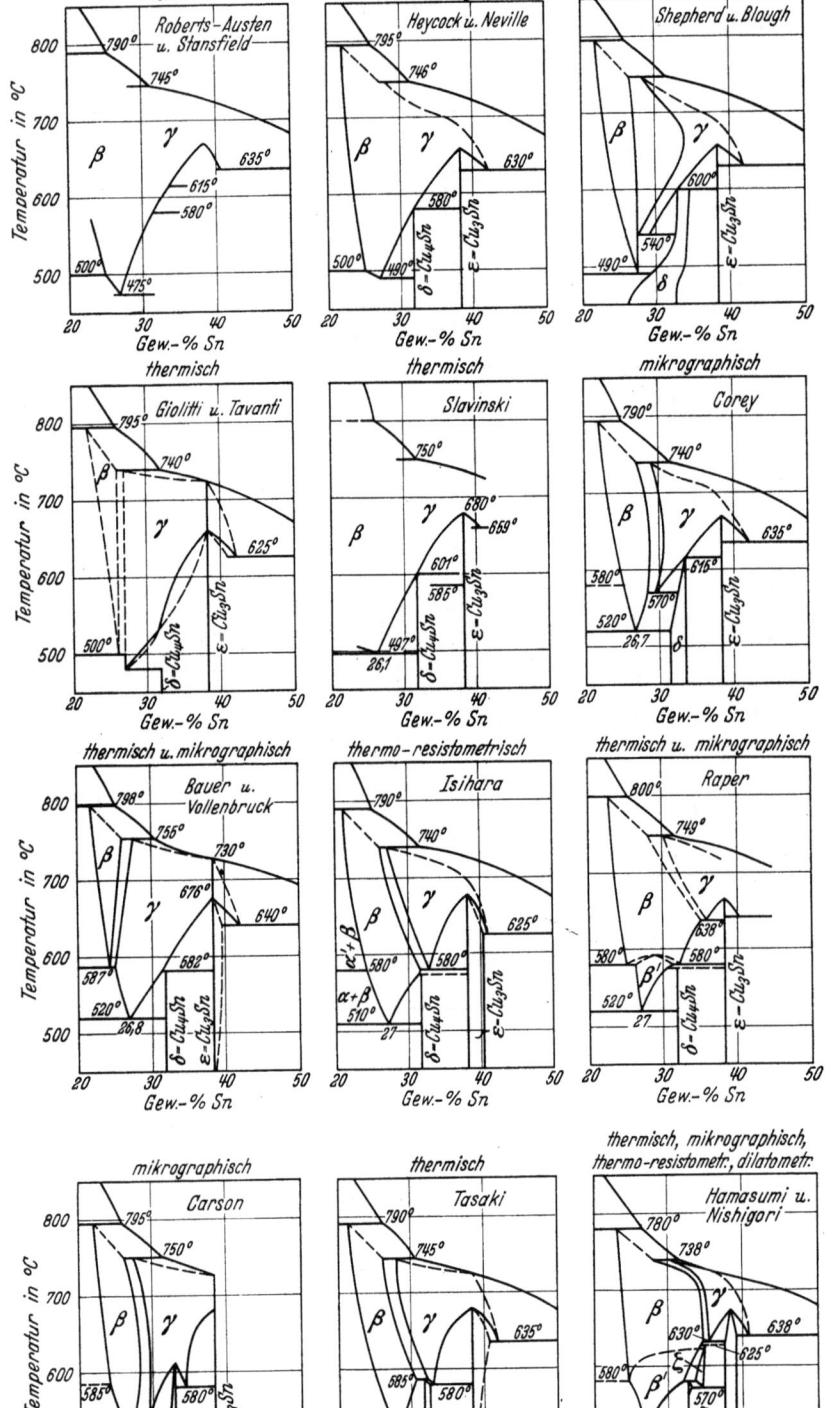

Abb. 3. Kupfer-Zinn. Teildiagramme nach verschiedenen Forschern.

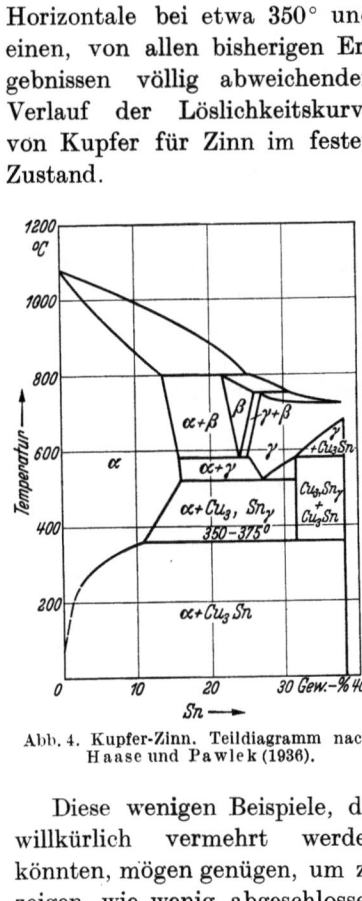

Abb. 4. Kupfer-Zinn. Teildiagramm nach Haase und Pawlek (1936).

Diese wenigen Beispiele, die willkürlich vermehrt werden könnten, mögen genügen, um zu zeigen, wie wenig abgeschlossen unser Wissen gerade auf dem Gebiete der Konstitutionsforschung zur Zeit noch ist. Unwillkürlich stellt man sich die Fragen: 1. Haben die alten Forscher falsch gearbeitet? 2. Kommt das jeweils später aufgestellte Diagramm der Wahrheit näher als die vorangegangenen? 3. Darf das letzte Diagramm als das nunmehr endgültige angesehen werden?

Zu Frage 1 ist zu sagen, daß wir kein Recht haben,

---

[1] Trans. Amer. Soc. Stl. Treat. Bd. 16 (1929), S. 183.
[2] Aus M. Hansen: Der Aufbau der Zweistoff-Legierungen 1936. Berlin: Julius Springer.
[3] Z. Metallkde. Bd. 28 (1936) S. 79.

an der Gewissenhaftigkeit der älteren Forscher zu zweifeln. Wo die ersten Ergebnisse noch unvollkommen waren, mag das z.T. an der damals noch unvollkommenen Apparatur und Versuchstechnik gelegen haben.

Die Frage 2 ist in dieser Allgemeingültigkeit zu verneinen. Beim Betrachten der verschiedenen Teildiagramme, z.B. der Cu-Sn-Reihe (Abb. 3 u. 4) fällt sofort ins Auge, daß die Einzeldiagramme nicht eine fortschreitende Entwicklung aufweisen, sondern daß zwar häufig neue Phasen und neue Gleichgewichtskurven auftreten, daß aber andrerseits in vielen Fällen auch wieder bereits als überholt angesehene Phasen und Kurvenzüge neu bestätigt werden.

Die Frage 3 muß auf Grund des zu Frage 2 Gesagten ebenfalls verneint werden.

Je weiter wir hiernach in der Konstitutionsforschung fortschreiten, um so mehr verstärkt sich der Eindruck, daß wir ein Ende wohl niemals erreichen werden.

Die Löslichkeitsgleichgewichte und die Umwandlungsvorgänge im erstarrten Zustand sind eben in der Mehrzahl der Fälle mit unseren menschlichen Hilfsmitteln endgültig nicht zu erfassen. Sie sind nicht nur Funktionen der Temperatur, sondern in erster Linie auch Funktionen der Zeit und unsere menschlichen, irdischen Zeiten scheinen in vielen Fällen nicht auszureichen, um sie zu Ende zu bringen. Damit finden auch die vielen sich widersprechenden Einzelergebnisse ihre Erklärung. Je nachdem, ob der einzelne Forscher dem endgültigen Gleichgewicht näher kommt, oder nur einen mehr oder weniger labilen Zustand erreicht, deutet er die auftretenden Phasen und vereinigt sie zu einem zwar phasentheoretisch richtigen, dem endgültigen Gleichgewicht jedoch nicht entsprechenden Zustandsdiagramm.

Wie sollen sich nun der Wissenschaftler und der Praktiker zu dieser Erkenntnis stellen?

Erkenntnis und Wahrheit sind zeitlos, die experimentelle Forschung ist zeitgebunden. Der Wissenschaftler wird und muß auch beim Zustandsdiagramm danach streben, der Wahrheit, also dem endgültigen Gleichgewicht, auch wenn er es nicht ganz erreichen kann, doch wenigstens so nahe wie möglich zu kommen.

Der Praktiker ist gezwungen in vielen Fällen mit einem Zustandsdiagramm zu arbeiten, das zwar theoretisch nicht als endgültig zu gelten hat, das aber den praktischen Verhältnissen bezüglich der Abkühlungszeiten besser entspricht als ein theoretisch endgültiges.

Der hier zwischen Theorie und Praxis klaffende Widerspruch ist nur ein scheinbarer. Die theoretische Erkenntnis, auch wenn sie praktisch nicht erfüllbar ist, hat der Technik noch nie geschadet, sie hat ihr im Gegenteil in zahlreichen Fällen neue Wege gewiesen. Als besonders kennzeichnendes Beispiel sei auf die Ausscheidungshärtung bei Leicht- und Schwermetalllegierungen verwiesen, die ja letzten Endes auch mit unvollkommenen Gleichgewichtszuständen zusammenhängt und zu deren Erforschung und praktischen Nutzbarmachung erst die Kenntnis des betreffenden Zustandsschaubildes die Grundlage geliefert hat.

Werkstoff-Forschung und Physik
Von A. Lambertz

Werkstoff-Prüfung und Werkstoff-Forschung sind zwei Begriffe, die nicht voneinander getrennt werden können. Einen Werkstoff prüfen wollen, mit der Absicht, jegliche Forschung dabei zu unterlassen, hieße die Augen vor der Tatsache verschließen, daß die Naturvorgänge unendlich mannigfaltig sind und sich nie restlos in Gesetze werden fassen lassen. Jedes Ergebnis einer Werkstoff-Prüfung dient, wenn es nicht eine neue Erkenntnis in sich birgt, als weitere Bestätigung einer bereits erkannten Gesetzmäßigkeit und ist als solche wissenschaftlich wertvoll.

Die Werkstoffkunde hat sich zu einer eigenen Wissenschaft entwickelt. Ihr ausschließliches Ziel ist, notwendige Grundlagen für die praktische Anwendung der Werkstoffe zu schaffen, also der Technik zu dienen, und sie unterscheidet sich dadurch wesentlich von den reinen Wissenschaften. Ihre Arbeitsmethoden dagegen, experimentelle sowohl wie theoretische, hat sie ausnahmslos von den reinen Wissenschaften, der Physik, der Chemie, der Geologie, der Biologie usw., übernommen. Wieweit dies auf dem Gebiete der Physik der Fall ist, soll im folgenden an Hand einer kurzen Darstellung der physikalischen Arbeitsweise gezeigt werden.

Die Physik ist eine Naturwissenschaft und knüpft als solche an Erfahrungs-Tatsachen an, die sich teils in der Natur vorfinden, teils in Form von Experimenten bewußt geschaffen werden. Die gesammelten Erfahrungen werden dann in logische Beziehungen zueinander gebracht und unter Zuhilfenahme der Mathematik — als der „Stenographie der Logik" — in Gesetze gekleidet. Das Ziel ist dabei, möglichst viele Erfahrungs-Tatsachen aus möglichst wenig Gesetzen mathematisch herleiten zu können, also der reinen Erkenntnis zu dienen.

Man kann die Physik definieren als die Lehre von der Energie und ihren Erscheinungsformen. Über die Gesamtmenge der in der Welt vorhandenen Energie sagt ein physikalisches, universell gültiges Gesetz aus, daß sie konstant ist. Wie groß aber dieser Gesamtbetrag der Energie ist, wird immer unbekannt bleiben. Dementsprechend kann sich die Physik nur mit Energie-Unterschieden oder Übergängen von einer Energieart in eine andere befassen. Hierin äußert sich schon ein typisches Merkmal physikalischer Forschung: sie ist immer angewiesen auf Vergleichung einer Größe mit einer oder mehreren anderen, z. B. eines früheren Zustandes mit einem späteren. Als exakte Wissenschaft führt sie diese Vergleiche nicht nur qualitativ, sondern auch quantitativ durch unter Festlegung bestimmter Größen als Einheiten. Damit wird die Messung zu einem Hauptbestandteil der physikalischen Arbeitsweise.

Die dem Menschen von der Natur zur Verfügung gestellten Hilfsmittel zur Wahrnehmung von Unterschieden, also auch zur Ausführung von Messungen, sind die Sinnesorgane. Diese Organe besitzen die Fähigkeit, irgendeinen von außen kommenden Reiz, der mit irgendeinem Naturzustand oder Naturvorgang ursächlich zusammenhängt, aufzunehmen und durch Auslösung einer Empfindung wahrnehmbar zu machen. Die Funktion der Sinnesorgane ist jedoch durch gewisse Grenzen eingeschränkt, von denen hier namentlich die Reiz- und Unterschieds-Schwellen wichtig sind. Die Reize müssen qualitativ und quantitativ innerhalb der zugehörigen Grenzen liegen, wenn sie überhaupt die für das betreffende Sinnesorgan charakteristischen Empfindungen auslösen sollen. Dasselbe gilt für den Unterschied zweier Reize, wenn diese Reize als voneinander verschieden wahrgenommen werden sollen.

Die Experimentalphysik hat nun eine große Anzahl von Apparaten entwickelt, die die ankommenden Reize so umwandeln, verstärken oder auch abschwächen, daß sie sich zur Aufnahme durch die menschlichen Sinnesorgane möglichst gut eignen. Diese Apparate — die Meßinstrumente im weitesten Sinne — liefern zugleich mit dem zu messenden Reiz (z. B. dem optischen Bild eines Zeigerausschlages, das auf die Netzhaut fällt) immer auch einen oder mehrere konstante Reize (z. B. das Netzhautbild von Skalen-Teilstrichen), die den quantitativen Vergleich — die Messung — ermöglichen. Sie werden nach Bedarf zusammengebaut, je nachdem, welche Größen in Abhängigkeit voneinander zu messen sind. Auf diese Weise sind die überaus zahlreichen physikalischen Meßmethoden entstanden, die ständig durch neue vermehrt werden.

Die messende Physik begnügt sich aber nicht damit, die menschlichen Sinnesorgane mit Meßinstrumenten zu bewaffnen, sondern sie gibt sich auch Rechenschaft über die Grenzen der Leistungsfähigkeit ihrer Instrumente und Meßmethoden, d. h. über die Größe der dabei zu berücksichtigenden objektiven und subjektiven Fehler. Unter Benutzung der — auf der Wahrscheinlichkeitsrechnung begründeten — Ausgleichungs- und Fehlerrechnung werden die experimentellen Ergebnisse ausgewertet. Umgekehrt werden dann die Empfindlichkeiten der bei einer Meßmethode zusammenzustellenden Instrumente aufeinander abgestimmt. Eine zu große Empfindlichkeit eines Instrumentes ist nämlich genau so nachteilig und hinderlich, wie eine zu geringe.

Aus der im vorstehenden gegebenen Übersicht über die theoretische und experimentelle Arbeitsweise der

Physik wird jeder, der sich einmal mit der Werkstoff-Forschung befaßt hat, die engen Beziehungen dieser beiden Wissenschaften zueinander erkennen. Verschieden ist letzten Endes bei beiden nur ihre Gliederung und ihr Ziel. Nur durch Austausch der wissenschaftlichen Ergebnisse kann überflüssige Doppelarbeit vermieden werden. Es bedeutet mindestens einen Zeitverlust, wenn z. B. irgendeine Meßmethode „nacherfunden" wird. Aber es genügt auch nicht, wenn eine Meßmethode nur in ihren Grundzügen übernommen wird. Erst in ihrer vollendeten Form unter Berücksichtigung aller Fragen betreffend die Grenzen ihrer Leistungsfähigkeit kann sie mit vollem Nutzen verwandt werden.

Nicht nur die Meßmethoden, sondern vor allem auch die theoretischen Gedankengänge der Physik sind ständig zu beachten. Allerdings ist es für die Werkstoff-Forschung nicht in allen Fällen zweckmäßig, der Physik bis zu den jeweils neuesten Hypothesen zu folgen, es kann vielmehr manchmal nützlicher sein, eigene Begriffe zu bilden, die von den entsprechenden Begriffen der Physik abweichen. Solche Begriffe der Werkstoffkunde müssen aber durch ihre Definition ihr Verhältnis zu den entsprechenden wissenschaftlich-physikalischen Begriffen erkennen lassen und dürfen vor allem nicht im Widerspruch zur physikalischen Erkenntnis stehen.

Noch ein anderer Gesichtspunkt verdient besondere Beachtung. Die Werkstoff-Forschung ist mehr als andere Wissenschaften der Gefahr ausgesetzt, einem schädlichen Spezialistentum anheimzufallen. Eine enge Anlehnung jedes einzelnen Zweiges der Werkstoff-Forschung an die reinen Wissenschaften, und zwar besonders an die Physik wird diesen Prozeß zumindest verlangsamen und dadurch unschädlich machen. Dementsprechend ist es notwendig, daß der Werkstoff-Forscher mit möglichst umfassendem allgemein-wissenschaftlichem Rüstzeug versehen an die Sonderaufgaben der Werkstoff-Forschung herangeht. Es genügt aber nicht, daß er sich diese Grundlage während seiner Lehrjahre erwirbt, er muß beständig in enger Fühlung mit der reinen Wissenschaft bleiben. Daß umgekehrt die reinen Wissenschaften aus einer solchen Zusammenarbeit ebenfalls wertvollste Anregung und Förderung empfangen können, soll hier nur erwähnt werden.

Entwicklung der chemischen, physikalisch-chemischen und physikalischen Prüfverfahren in ihrer Anwendung auf die Metallkunde

Von O. Werner

Mit den folgenden Ausführungen soll vorwiegend die Bedeutung der chemischen, physikalisch-chemischen und physikalischen Prüfverfahren in ihrer Anwendung auf die Metallkunde hervorgehoben werden. Zwar können durch mechanische Prüfverfahren eine Anzahl Gütewerte eines Werkstoffs festgestellt werden, doch ist es nicht möglich, auf Grund solcher Versuche allein etwas darüber auszusagen, auf welchem Wege der Hersteller des Werkstoffes zu den beobachteten Gütewerten gelangt ist bzw. welches die tieferen Ursachen für das Zustandekommen der beobachteten Gütewerte gewesen sind. Umgekehrt, wenn ein bestimmter Gütewert nicht erreicht worden ist, so kann wohl durch eine mechanische Werkstoffprüfung diese Tatsache festgestellt werden; man ist jedoch nicht in der Lage, etwas darüber auszusagen, ob der Fehler bei der Erzeugung des Werkstoffes oder bei seiner Weiterverarbeitung begangen worden ist, oder worin sonst die Ursache für sein Versagen zu suchen ist.

Schon frühzeitig kam daher zu den mechanischen Untersuchungsverfahren als neue Methode die mikroskopische Untersuchungsmethode hinzu.

Die mikroskopische Untersuchung der Metalle[1] hatte den unschätzbaren Wert, daß man bei geeigneter Vorbehandlung und bei genügender Vergrößerung im Schliffbild im allgemeinen direkt das sehen konnte, was man für die Beurteilung des Materials brauchte. Man konnte z. B. schon ohne besondere chemische Analyse erkennen, ob es sich bei dem zu untersuchenden Stoff um einen Stahl oder um Gußeisen handelte, von welcher Größenordnung der Kohlenstoffgehalt des Stahles etwa sei, usw. Ebenso ließ bereits das mikroskopische Bild erkennen, ob das betreffende Material einer besonderen formgebenden oder einer Wärme-Behandlung unterworfen worden war u. a. m., und man konnte aus all diesen Einsichten wesentlich eingehendere Schlüsse auf die Eigenschaften und die Vorgeschichte des betreffenden Werkstoffes ziehen, als es bis dahin auf Grund der mechanischen Daten der Zugfestigkeit oder Härte allein möglich gewesen war.

Für den Konstrukteur ergab sich aus diesen Untersuchungen, daß dieselbe verlangte Zugfestigkeit auf sehr verschiedenen Wegen, entweder durch Änderung der Menge und Anzahl der Legierungselemente oder unter Umständen durch verhältnismäßig geringfügige Legierungszusätze neuartigen Charakters, oder schließlich durch besondere Wärmebehandlungsverfahren erreicht werden kann.

Beispiel: Geht man von einem Stahl mit der Zugfestigkeit von 37 kg/mm² über zu einem Stahl mit der Zugfestigkeit von 52 kg/mm² oder sogar 70 kg/mm², so kann die für ein Konstruktionselement verlangte Gesamtfestigkeit mit einem geringeren Materialaufwand als bisher erreicht werden. Durch geeignete Wärmebehandlung kann ferner die Zugfestigkeit eines modernen Chrom-Molybdän-Flugzeug-Baustahles von 70 oder 80 kg/mm² gesteigert werden bis auf Festigkeiten von 130 und 150 kg/mm²; entsprechend können auch die Wandstärken der für Flugzeugkonstruktionen aus diesem Stahl hergestellten Rohre wesentlich geringer gehalten werden als bisher, und damit kann das Gesamtgewicht des Flugzeuges ganz beträchtlich vermindert werden.

Aber auch die mikroskopische Untersuchung reichte noch nicht aus, um den immer gesteigerten Anforderungen der Praxis gerecht zu werden. Insbesondere die Erhöhung der Zahl der Legierungselemente und die Einführung neuartiger Legierungselemente stellte den Materialprüfer vor die Aufgabe, festzustellen, wieweit die tatsächliche Zusammensetzung des Materials mit den Angaben des Herstellers übereinstimmte. Dieses Ziel konnte nur durch eine gründliche chemische Analyse erreicht werden.

Aber auch die anfangs vielfach rein empirisch gefundenen Zusammenhänge zwischen Zusammensetzung, Wärmebehandlung, mechanischer Behandlung einerseits und den dabei erzielten Gütewerten andererseits, mußten im Interesse einer rationellen Wirtschaftsführung, die die Güte ihrer Erzeugnisse nicht einfach dem Zufall überlassen darf, eine wissenschaftliche Untermauerung erfahren. Die Folge war die Einführung zahlreicher neuer physikalischer Untersuchungsmethoden in die Metallkunde, die diese aus einem empirisch betriebenen Handwerk zu einer wissenschaftlich begründeten Kunst gestaltet haben.

Und schließlich befindet sich der unabhängig von der Produktionsstätte eines einzelnen Werkes der Allgemeinheit dienende Wissenschaftler eines übergeordneten Staatlichen Materialprüfungsamtes noch in einer besonders schwierigen Lage. Der Hersteller eines bestimmten technischen Erzeugnisses kennt im allgemeinen den Werdegang eines einzelnen Teiles seiner Produktion sehr genau, so daß er bei eintretenden Schwierigkeiten meist ohne allzu große Umstände der Ursache des Fehlers bis auf den Ursprung nachgehen kann. Große Stahlwerke legen z. B. von jedem gegossenen Stahlblock eine Art von Stammbaum an, so daß später stets festgestellt werden kann, aus welchen Rohmaterialien, zu welcher Zeit und unter welchen besonderen Bedingungen der Block hergestellt wurde. Der Stammbaum enthält ferner

---

[1] Als Begründer dieser Methode kann wohl in Deutschland Adolf Martens bezeichnet werden, der erste Direktor der 1884 errichteten Königlichen, mechanisch-technischen Versuchsanstalt in Charlottenburg, aus der im Jahre 1904 das Staatl. Materialprüfungsamt Berlin-Dahlem hervorging

Angaben darüber, wieviel als Schrott von dem Block abgeschnitten wurde, welche Halbfabrikate und endlich welche Fertigfabrikate aus dem Block hergestellt wurden, und an wen die Erzeugnisse schließlich verkauft wurden usw. Bei auftretenden Reklamationen ist jederzeit der Stammbaum des Werkstückes zur Hand, und der Fehler läßt sich in seiner Ursache meist leicht feststellen.

Der unabhängig arbeitende Materialprüfer befindet sich dagegen meist in einer wesentlich schwierigeren Lage. Der Stammbaum des Werkstückes, sofern überhaupt einer vorhanden ist, ist ihm nicht zugänglich, und er sieht sich daher in jedem einzelnen Schadensfalle vor die Notwendigkeit gestellt, die Vorgeschichte des zur Prüfung eingesandten Werkstückes auf häufig meist recht schwierigen Umwegen feststellen zu müssen.

Die chemische Analyse liefert in diesem Falle zunächst ein Bild von der Art und der Menge der vorhandenen Grundstoffe. Darüber hinaus läßt sich auf Grund der Bestimmung oft geringfügiger Verunreinigungen vielfach eine ganz bestimmte Aussage über die Herkunft der verwendeten Rohstoffe machen. Durch Bestimmung derartiger Verunreinigungen kann z. B. festgestellt werden, ob eine bestimmte Aluminiumsorte aus europäischen oder aus amerikanischen Rohstoffen hergestellt wurde. Einige weitere Beispiele, die die Bedeutung derartiger „Vorgeschichtsforschungen" erläutern sollen, werden noch weiter unten gebracht werden.

So sieht sich der Materialprüfer in jedem einzelnen Schadensfalle vor die Notwendigkeit gestellt, durch Einsatz aller ihm zur Verfügung stehenden Hilfsmittel chemischer, physikalisch-chemischer und physikalischer Natur die ihm gestellte Aufgabe der Lösung näherzubringen.

In den folgenden Ausführungen sollen die einzelnen Arbeitsmethoden und ihre Bedeutung etwas näher erläutert werden.

Die chemische Analyse

Die chemische Analyse läßt zunächst erkennen, welche chemischen Grundstoffe in dem Werkstoffe vorhanden sind. Oft genügt die Aussage einer chemischen Analyse allein, um eine Erklärung für das Versagen eines Werkstoffes zu geben, dann nämlich, wenn bestimmte Legierungselemente, die zur Erreichung der vorgeschriebenen Gütewerte notwendig sind, fehlen, oder in zu geringer oder unter Umständen auch in zu großer Menge vorhanden sind.

Bei zu starker Erhöhung des Kohlenstoffgehaltes eines Stahles treten vielfach Schwierigkeiten beim Schweißen auf, die den Werkstoff trotz guter Festigkeitseigenschaften für diesen bestimmten Verwendungszweck, d. h. für Schweißungen, unbrauchbar erscheinen lassen.

Die Entwicklung der chemischen Prüfverfahren ging im Laufe der Jahrzehnte in der Richtung einer immer weiter gesteigerten Verfeinerung. Zunächst wurde natürlich angestrebt, den Aussagen der chemischen Analyse ein möglichst großes Maß an Genauigkeit und Sicherheit zu erteilen. Bei genügend großen Materialmengen und genügend großem Zeitaufwand kann diese Forderung im allgemeinen ziemlich leicht erfüllt werden. Doch muß hervorgehoben werden, daß mit der Steigerung der Zahl der Legierungselemente und mit der Einführung von Legierungselementen ganz neuartigen Charakters auch in diesem Falle die an die Kunst des Chemikers gestellten Anforderungen ganz erheblich gewachsen sind.

Dem Zuge der Zeit folgend ging die Entwicklung später dahin, die für die Analyse zur Verfügung stehende Zeit möglichst abzukürzen und weiterhin, dieselbe Sicherheit im Endresultat mit weit geringeren Materialmengen zu erzielen als bisher. Besonders dieser zweite Faktor spielt heute unter Umständen eine bedeutende Rolle. Wenn ein großes Stahlstück zur Verfügung steht, so kann verhältnismäßig leicht eine genügend große Menge Probematerial für die chemische Untersuchung davon verwendet werden. Aber schon bei der Untersuchung beispielsweise des Abbrandes von Legierungselementen in Schweißnähten, oder bei der Untersuchung von Materialien, deren zur Verfügung stehende Menge absolut gering ist, z. B. der Zusammensetzung von Einschmelzdrähten von Glühlampen, der Zusammensetzung von Füllfederhalterspitzen oder gar etwa bei der Untersuchung von prähistorischen Gegenständen, die wegen ihres wissenschaftlichen und Altertumswertes nicht zerstört werden dürfen, dann versagen die üblichen chemischen Untersuchungsmethoden, und der Chemiker ist genötigt, seine Zuflucht zu besonderen mikrochemischen Untersuchungsmethoden zu nehmen. Diese neuen mikrochemischen Untersuchungsmethoden erfordern vielfach neuartige Apparate und Hilfsmittel, deren Entwicklung und Konstruktion meist rein physikalische Prinzipien zugrunde liegen.

An die Stelle der Titration mit rein chemischen Indikatoren treten die elektrometrischen Titrationen, für deren Durchführung umfangreiche Apparate erforderlich sind, die den Umschlag schon bei winzigsten Reagenszusätzen erkennen lassen, und für deren Konstruktion die modernsten Ergebnisse der Elektronenröhrenforschung herangezogen werden mußten.

An die Stelle des subjektiven Vergleiches zweier Farben oder Farbreaktionen treten Messungen durch optische Prüfapparate, deren Wirkungsweise auf den Absorptionseigenschaften der zu untersuchenden Lösungen in den verschiedenen Spektralbereichen aufgebaut ist.

Für die Zwecke einer qualitativen oder halb-quantitativen Untersuchung völlig unbekannter Stoffe muß die Spektralanalyse herangezogen werden, deren exakte Beherrschung wiederum umfangreiche Spezialkenntnisse vom Chemiker erfordert und vielfach ohne Hilfestellung eines entsprechend vorgebildeten Physikers gar nicht möglich ist.

Alle diese neuen Untersuchungsmethoden haben das Gesicht der chemischen Analyse der Werkstoffe völlig neu gestaltet. Sie stellen ein Musterbeispiel dar für das Eindringen der Physik und der physikalischen Chemie in die analytische Chemie.

Bei den metallischen Werkstoffen beschränkten sich die älteren analytischen Untersuchungsmethoden im wesentlichen auf die Bestimmung der Art und Menge der metallischen Bestandteile.

Die letzten zwanzig Jahre brachten aber in zunehmendem Maße die Erkenntnis, daß für die Eigenschaften eines Stoffes häufig nicht allein der qualitative und quantitative Gehalt an bestimmten metallischen Hauptlegierungselementen ausschlaggebend ist, sondern daß auch hier, wie an vielen anderen Stellen in der Natur, vielfach den kleinsten Mengen oft die größten Wirkungen zuzuschreiben sind. Es hat sich herausgestellt, daß, soweit der Werkstoff Metall in Frage kommt, es oft gerade die mengenmäßig geringfügigen nichtmetallischen Beimengungen und „Verunreinigungen" sind, die für das charakteristische Verhalten eines Werkstoffes und seine Bewährung von ausschlaggebender Bedeutung sind.

Solange es sich nur um die Bestimmung von Phosphor und Schwefel handelte, konnte der Chemiker sich auf die bewährten chemischen Verfahren stützen. Durch die grundlegenden Arbeiten eines P. Oberhoffer hat sich aber die Erkenntnis durchgesetzt, daß der an sich geringfügige Gehalt eines Stahles an Sauerstoff oder an Stickstoff, bzw. an beiden zusammen, unter Umständen für die Eigenschaften dieses Werkstoffes von sehr maßgebender Bedeutung sein kann. Der Werkstoffprüfer muß daher die Möglichkeit haben, mit Hilfe geeigneter Einrichtungen derartige Untersuchungen mit größter Sicherheit, Genauigkeit und Schnelligkeit ausführen zu können.

Die Feststellung z. B., ob ein Stahl 0,005% Stickstoff oder aber 0,015% Stickstoff enthält, ermöglicht die Entscheidung darüber, nach welchem hüttenmännischen Verfahren der betreffende Stahl hergestellt worden ist, bzw. ob für einen bestimmten Stahl ein vorgeschriebenes Verfahren innegahlten worden ist.

Bei einer Bruchschaden-Untersuchung (Wert des Objektes ca. 800000 RM.) konnte u. a. lediglich auf Grund der Tatsache, daß der Stickstoffgehalt des verwendeten Stahles um 0,006% zu hoch gelegen war, ein Urteil dahingehend abgegeben werden, daß der betreffende Stahl nicht, wie vorgeschrieben, im Siemens-Martin-Ofen, sondern im Duplex-Verfahren, d. h. teilweise unter Verwendung der Thomas-Birne hergestellt worden war. Es konnte der Nachweis erbracht werden, daß der erhöhte Sauerstoffgehalt und Stickstoffgehalt des Stahles an der Verschlechterung seiner schweißtechnischen Eigenschaften maßgebend beteiligt war.

Neben der Feststellung des Stickstoffgehaltes ist, wie schon angedeutet, auch die Bestimmung des Sauerstoffgehaltes des Stahles von großer Wichtigkeit. Der Sauerstoffgehalt ist neben dem Stickstoffgehalt besonders für die sogen. Alterungsanfälligkeit bestimmter Stähle verantwortlich zu machen. Unter Alterungsanfälligkeit versteht man die zeitliche Verschlechterung der mechanischen Gütewerte bzw. ihre Verschlechterung nach einer Kaltverformung mit anschließender Wärmebehandlung. Die Bestimmung des Sauerstoffs erfolgt meist nach dem Heißextraktionsverfahren. Die hierzu notwendige Apparatur ist äußerst umfangreich und macht sich die modernsten vakuum-technischen Einrichtungen und Erkenntnisse zunutze. Für die Durchführung dieser Untersuchungen sind wiederum eine Reihe physikalischer und physikalisch-chemischer Kenntnisse und Erfahrungen unerläßlich.

Durch weitere Untersuchungen muß ferner die Frage geklärt werden, aus welchen Quellen der nach dem Heißextraktionsverfahren bestimmte Gesamt-Sauerstoff stammt, bzw. in welcher Form er im Stahl vorhanden ist, ob als Eisenoxydul oder als Manganoxydul, oder aber vorwiegend als Kieselsäure oder Aluminiumoxyd. Erst die Feststellung dieser Zusammenhänge ermöglicht ein Urteil über die Vorgeschichte eines bestimmten zur Untersuchung vorgelegten Stahlstückes, ob das Stahlbad mit Aluminium oder mit Silizium beruhigt wurde, ob Fehler in der Schmelzführung vorgekommen sind, ob es sich um einen geblasenen Stahl handelt oder um einen Stahl, der auf offenem Herde erschmolzen wurde. Die Kenntnis dieser Zusammenhänge ist ferner von Bedeutung für die Beurteilung der Härtbarkeit eines Stahlmaterials, denn die Menge, Verteilung und Zusammensetzung der Oxydhäutchen ist richtunggebend für die Diffusionsmöglichkeit des Kohlenstoffs im Stahl, z. B. bei der Zementation.

Das Eindringen physikalischer Untersuchungsmethoden in die klassische Metallkunde

Physikalische Denkweise und physikalische Forschungsmethoden haben auch zu einer Befruchtung der klassischen Methoden der Metall-Untersuchung geführt.

Bereits die thermische Analyse und die Einführung der Phasenregel in die Metallkunde (z. B. in den richtunggebenden Arbeiten G. Tammanns und seiner Schule) bedeuten eine Abkehr von der ganz konkreten Sichtbarmachung des Zustandes und der Vorgänge im Metallmikroskop und den Übergang zu einer mehr abstrakten Betrachtungsweise.

Zu der immer noch als klassisch zu bezeichnenden thermischen Analyse gesellen sich im Laufe der Zeit weitere physikalische Disziplinen. Das Mikroskop bleibt natürlich auch weiterhin die nicht zu entbehrende Grundlage aller Metalluntersuchung. Durch Verbesserung der Schleif- und Ätzmethoden, sowie durch Verwendung des polarisierten Lichtes und der Dunkelfeldbeleuchtung werden die Grenzen der Auflösbarkeit weiter hinausgeschoben und die Erkennbarkeit der sichtbar zu machenden Einzelheiten des Objektes weiter verbessert.

Daneben erfahren die rein physikalischen Untersuchungsmethoden im Laufe der Jahre eine ungeahnte Erweiterung ihres Geltungsbereiches und ihrer Anwendung im Sinne jener eingangs erwähnten Tendenz der Metallkunde, sich aus einem empirischen Handwerk in eine wissenschaftlich begründete Kunst zu verwandeln.

Die thermische Analyse konnte zunächst im wesentlichen nur etwas aussagen über die Konzentrationsabhängigkeit der Schmelztemperaturen (Verlauf von Solidus- und Liquiduslinie). Das Streben bei den neueren Untersuchungsmethoden ging jedoch dahin, die verhältnismäßig bescheidenen Aussagen der thermischen Analyse über die Vorgänge und Umwandlungen im festen Zustande wesentlich zu erweitern und zu präzisieren. Gerade die Kenntnis der Vorgänge im festen Zustande ist für die Beurteilung des metallischen Werkstoffes von ausschlaggebender Bedeutung.

Neben den genannten klassischen Untersuchungsmethoden verwendet man heute im wesentlichen vier Untersuchungsmethoden rein physikalischen Charakters. Es sind dies die dilatometrische, die magnetometrische, die elektrische und als jüngstes Glied der Entwicklung die röntgenographische Feinstruktur-Untersuchung.

In den folgenden Ausführungen kann natürlich nur in ganz wenigen Sätzen die Bedeutung der einzelnen Untersuchungsmethoden gestreift werden, da eine genauere Aufzählung ihrer Ergebnisse den Umfang selbst eines vielbändigen Werkes überschreiten würde. Daher sei hier nur folgendes erwähnt:

Die dilatometrische Methode zeigte, welch große Volumänderungen mit der γ-α-Umwandlung der Stähle verknüpft ist. Das Auftreten oder Verschwinden von Phasen kommt scharf in dem Temperaturverlauf der Ausdehnungsbeiwerte zum Ausdruck.

Die magnetometrische Methode ließ das Vorhandensein der magnetischen Unterschiede zwischen α- und β-Eisen einerseits und γ-Eisen andererseits erkennen. Sie gestattete die Untersuchung des Einflusses von Legierungszusätzen auf die Temperaturlage der magnetischen Umwandlungen, und zeigte ihre Abhängigkeit von der mechanischen und von der Wärme-Behandlung. Die Kenntnis der magnetischen Eigenschaften führte zur Auffindung magnetisch besonders weicher Werkstoffe sowie zur Herstellung der modernen Dauermagnete mit ihren noch vor wenigen Jahren für unmöglich gehaltenen Leistungen. Sie ermöglichte die Entwicklung der austenitischen Stähle durch Erweiterung des γ-Feldes durch bestimmte Legierungszusätze wie Nickel, Mangan u. ä.

Die elektrische Methode erlaubt die Untersuchung der elektrischen Leitfähigkeit von Kupfer- und Aluminiumdrähten und die Untersuchung des Einflusses von Verunreinigungen auf diese Leitfähigkeit, eine bei den heutigen Bestrebungen zur Umstellung auf neue Werkstoffe besonders wichtige Aufgabe. In der Hand von G. Grube und seinen Mitarbeitern wird sie zu einem unentbehrlichen Hilfsmittel der Konstitutionsforschung.

Die röntgenographische Methode führte zur Aufdeckung der Gitterunterschiede und der Konstitution neuer Phasen. Sie gestattet die Ermittlung dreidimensionaler Spannungszustände und die Verfolgung der mit mechanischer und mit Wärmebehandlung verknüpften Gitterveränderungen.

Weiterhin konnten durch die genannten Methoden wichtige Fragen, wie das Vorliegen von Mischkristallbildung einerseits und des Auftretens neuer Verbindungen andererseits in befriedigender Weise gelöst werden. Der Charakter und die Ursachen der Ausscheidungshärtung wurden weitgehend geklärt, wobei hervorzuheben ist, daß erst diese Vorarbeiten die Entwicklung der modernen Leichtmetallveredlungsverfahren ermöglichten. Es konnten neue Gleichgewichtsdiagramme aufgestellt werden, aus deren Verlauf sich das Auftreten von Ausscheidungshärtung voraussehen läßt, u. a. m.

Wie bereits erwähnt, konnten die vorstehenden Ausführungen nur einige wenige Beispiele für die Anwendung der neueren Untersuchungsmethoden in der Metallkunde bringen.

Um Mißverständnisse zu vermeiden, soll zum Schluß noch hervorgehoben werden, daß die genannten physikalischen Hilfsmittel immer nur zur Kennzeichnung des Zustandes und der dem Materialprüfer meist nicht bekannten Vorgeschichte des ihm vorgelegten Werkstoffes dienen sollen; ihre Aufgabe ist in jedem Falle also nur eine dienende. Die Verwendung dieser physikalischen Hilfsmittel zur Feststellung physikalischer Konstanten kann nur selten Aufgabe des Materialprüfers sein.

DAUERWÄRME-BESTÄNDIGKEIT NICHTGESCHICHTETER KUNSTHARZ-PRESSTOFFE VON DR.-ING. R. NITSCHE UND E. SALEWSKI

(Mitteilung aus dem Staatlichen Materialprüfungsamt Berlin-Dahlem)

Die Kenntnis der „Dauerwärme-Beständigkeit", d. h. der höchsten Temperatur, die ein Kunstharz-Preßstoff dauernd (mindestens 200 Stunden) ohne Schädigung noch verträgt, ist für viele Anwendungsgebiete von erheblichem Interesse. Umfassende, systematische Untersuchungen sind jedoch trotz der Wichtigkeit des Gebietes bislang den Verfassern nicht bekannt geworden. Die bisher veröffentlichten Untersuchungen geben nur unzureichende Teilausschnitte.[1]

Die bekannten Prüfverfahren zur Beurteilung des thermischen Verhaltens von Kunstharz-Preßstoffen wie die Prüfung auf Wärmefestigkeit nach Martens und nach Vicat[2] lassen wohl ein Urteil in engen Grenzen zu über das Verhalten bei kurzfristigen thermischen Beanspruchungen, geben aber keinen eindeutigen Aufschluß über das Verhalten bei langfristigen Beanspruchungen. Auch die Kenntnis der Zusammensetzung der Kunstharz-Preßstoffe erlaubt keine sichere Voraussage über die Dauerwärme-Beständigkeit. Selbst bei genauer Kenntnis des Verhaltens der einzelnen organischen Komponenten eines Preßstoffs bei höheren Temperaturen ließe sich nicht mit Sicherheit die Dauerwärme-Beständigkeit des ganzen Systems angeben. Bis zur Schaffung der noch fehlenden Grundlagen für ein Kurzprüfverfahren ist die Durchführung langfristiger Versuchsreihen bei verschiedenen Temperaturstufen notwendig, um die Frage der Dauerwärme-Beständigkeit der Kunstharz-Preßstoffe umfassend beantworten zu können.

Die vorliegende Veröffentlichung soll ein erster Beitrag zu der Frage der Dauerwärme-Beständigkeit sein. Sie beschränkt sich zunächst auf

nichtgeschichtete, typisierte, warmgepreßte Kunstharz-Preßstoffe,

Aenderung der mechanischen Eigenschaften, der Wasseraufnahme, der Maße (Schrumpfung) nach Dauer-Warmlagerung im Temperaturgebiet 100° bis 220°[3]

Ueber die Aenderung der elektrischen Eigenschaften (Oberflächenwiderstand) wird in einer anschließenden Veröffentlichung von Reg.-R. Dr. Pfestorf besonders berichtet.

Verwendete Preßmassen.

Für die Untersuchung wurden insgesamt acht deutsche, handelsübliche, typisierte und vom Staatlichen Materialprüfungsamt Berlin-Dahlem überwachte Kunstharz-Preßmassen verwendet, und zwar vier des Typs S,
    eine des Typs T,
    zwei des Typs 1,
    eine des Typs K.

Die vier Preßmassen des Typs S, welche im folgenden mit S_I, S_{II}, S_{III}, S_{IV} bezeichnet werden, sollten sich nach Mitteilungen der Hersteller unterscheiden in Art des phenoplastischen Kunstharzes und Harzgehalt:

S_I : überwiegend Phenolharz, harzreich,
S_{II} :   „   „   harzarm,
S_{III}:   „   Kresolharz, harzreich,
S_{IV}:   „   „   harzarm.

Die chemische Nachprüfung ergab folgende Gehalte an azeton-löslichen Bestandteilen:

S_I 56%, vorwiegend Phenolharz,
S_{II} 46%,   „   „
S_{III} 52%,   „   Kresolharz,
S_{IV} 48%,   „   „

Die Angaben der Hersteller trafen also zu.

Bei der Preßmasse des Typs T handelte es sich um eine normale Masse mit Baumwollgewebe-Schnitzel und phenoplastischem Kunstharz (azeton-lösliche Bestandteile der Preßmasse: 43%).

---

[1] vgl. z. B. Mehdorn, Kunstharzpreßstoffe, VDI-Verlag 1934, S. 76.
[2] vgl. VDE 0302/1924.
[3] In weiteren Veröffentlichungen sollen Strukturänderungen und chemische Veränderungen behandelt werden. Ferner sind entsprechende Versuche an geschichteten Kunstharz-Preßstoffen, sowie Versuche im Temperatur-Bereich 20° bis 100° an verschiedenen Kunststoffen vorgesehen.

Die beiden Preßmassen des Typs 1, die im folgenden mit 1_I und 1_{II} bezeichnet werden, unterscheiden sich in der Art des Füllstoffs:

1_I : phenoplastisches Kunstharz mit Asbest,
1_{II} : phenoplastisches Kunstharz mit **asbestfreiem** mineralischen Füllstoff.

Die Preßmasse des Typs K war eine Pollopas-Masse, „4000".

Herstellung der Preßlinge.

Aus jeder der acht Preßmassen wurden sowohl

10 mm dicke Preßlinge (Normalstäbe 10×15 ×120 mm), als auch

3 mm dicke Preßlinge (Rippenbecher)[4])
hergestellt.

Sämtliche Preßmassen wurden bis zum Verpressen vor Feuchtigkeit geschützt aufbewahrt und zur Herstellung der Normalstäbe ohne Vortrocknung verarbeitet.

Die **10 mm** dicken Preßlinge (Normalstäbe) wurden in einer mit Dampf beheizten Sechsfach-Philipsform hergestellt unter folgenden Preßbedingungen:

$S_{I...IV}$: 360 kg/cm², 170°, 10 Min.,
T   : 430 kg/cm², 170°, 10 Min.,
K   : 330 kg/cm², 135°, 15 Min.

Die Stäbe aus den Preßmassen 1_I und 1_{II} wurden vom Preßmasse-Hersteller unter normalen Preßbedingungen gepreßt.

Die **3 mm** dicken Preßlinge, die Rippenbecher, konnten erst 5 Monate nach der Herstellung der Normalstäbe gepreßt werden. Trotz der feuchtigkeitssicheren Aufbewahrung der Preßmassen wurden vorsichtshalber alle Preßmassen vor dem Verpressen vorgewärmt:

$S_{I...IV}$, T und $1_{I...II}$: 1 Std. bei 70°,
K: 1 Std. bei 60°.

Die Rippenbecher wurden in einem dampfbeheizten Einfach-Werkzeug unter folgenden Preßbedingungen hergestellt:

$S_{I...IV}$: 18 t, 170°, 3 Min.,
T   : 25 t, 170°, 3 Min.,
1_I : 18 t, 160°, 3 Min.,
1_{II} : 18 t, 155°, 3 Min.,
K   : 18 t, 138°, 3 Min.

Versuchsausführung.

A. 10-mm-Proben (Normalstäbe).

Die **10 mm** dicken Preßlinge (Normalstäbe) wurden bei den Temperatur-Stufen 100°, 125°, 150°, 200°, 250° gelagert. Die Stäbe aus Typ K konnten nur bei 100° gelagert werden, da oberhalb 100° schnelle Zersetzung eintrat. Bei den Stäben aus Typ 1 fiel die Stufe 125°, bei den Stäben aus Typ S und T die Stufe 250° aus.

Vor der Lagerung und nach 100-, 200-, 400-stündiger Lagerung bei 100°, sowie nach 50-, 100-, 200 stündiger Lagerung bei 125°, 150° und 200° wurden die Stäbe geprüft auf

Biegefestigkeit [5])
Schlagbiegefestigkeit [5])
Wärmefestigkeit nach Vicat [6])
Glutfestigkeit [5])
Oberflächenwiderstand [7])
Wasseraufnahme (nach 28tägigem Liegen in Wasser bei Zimmertemperatur)
Längenänderung (Schrumpfung).

Zwischen Warmlagerung und Prüfung blieben die Proben mindestens 24 Stunden bei Zimmertemperatur liegen.

Bei jeder Prüfung wurden je Material, je Temperatur- und Zeitstufe zwei bis vier Einzelversuche ausgeführt.

Prüfungen nach Lagerung bei 250° konnten nicht ausgeführt werden, da die Proben schon beim Anheizen bei 220° rissig und blasig wurden.

B. 3 mm-Proben (Rippenbecher).

Aus den **3 mm** dicken Rippen der Rippenbecher wurden 10×15 mm große Proben entnommen, entsprechend den Normalstäben gelagert und auf Biege- und Schlagbiegefestigkeit mittels des Dynstat-Geräts [8]) geprüft. Lediglich an Stelle der Temperaturstufe 250° wurde die Stufe 220° für Proben aus Typ 1_I und 1_{II} gewählt.

Für die Prüfung auf Wasseraufnahme, Schrumpfung, Oberflächenwiderstand [7]) wurden ganze Rippen verwendet.

Ergebnisse.

Da weder die Vicat-Wärmefestigkeit noch die Glutfestigkeit nach Warmlagerung der Preßstoffe bei den verschiedenen Temperaturstufen bemerkenswerte Aenderungen erleiden, sind die beiden Eigenschaften bei den folgenden Ausführungen nicht erwähnt.

A. 10-mm-Proben (Normalstäbe).
Eigenschaften der untersuchten Preßstoffe vor den Warmlagerungen.

Die Eigenschaften sind in der folgenden Tafel zusammengestellt.

	S_I	S_{II}	S_{III}	S_{IV}	T	1_I	1_{II}	K
Biegefestigkeit (kg/cm²)[9]) . . .	700	700	700	700	600	500	500	600
Schlagbiegefestigkeit (cmkg/cm²)[9]) . .	6	6	6	6	12	3,5	3,5	5
Wasseraufnahme n. 28 Tagen (mg/cm²)	4,2	5,5	3,3	3,8	7,7	1,5	0,9	7,6

---

[4]) vgl. Schob, Nitsche, Salewski, Ztschr. „Plastische Massen" 1935, Heft Nr. 12, Seite 358
[5]) nach VDE 0320/1936.
[6]) nach VDE 0302/1924.
[7]) vgl. anschließende Veröffentlichung in dieser Zeitschrift.
[8]) vgl. Nitsche, ZS. VDI, 1936, Bd. 80, S. 755.
[9]) Mindestwerte der „Typisierung der gummifreien Isolierstoffe", vgl. ETZ, 56. Jg., 1935, S. 1311.

Bei den mechanischen Festigkeiten sind absichtlich nicht die tatsächlich gefundenen Anfangswerte, sondern — dem Sinn der Typisierung entsprechend — lediglich die Mindestwerte der Typisierung eingesetzt worden (die tatsächlich gefundenen Werte lagen fast durchweg höher, insbesondere bei S_I und K). Die nach Warmlagerung bei den verschiedenen Temperatur-Stufen erhaltenen Festigkeitswerte sind entsprechend umgerechnet worden. Dieses Verfahren ist berechtigt und notwendig aus folgenden Gründen:

1. Die Ergebnisse haben gezeigt, daß bei mehreren Preßstoffen ein und desselben Typs die Höhe der Anfangswerte unwesentlich ist für den relativen Verlauf der Festigkeitsänderungen.

2. Der Konstrukteur erhält Werte, die auch in ungünstigen Fällen von den verschiedenen Preßstoffen erreicht, zumeist aber überschritten werden, so daß eine genügende Sicherheit bei Anwendung der Werte vorhanden ist.

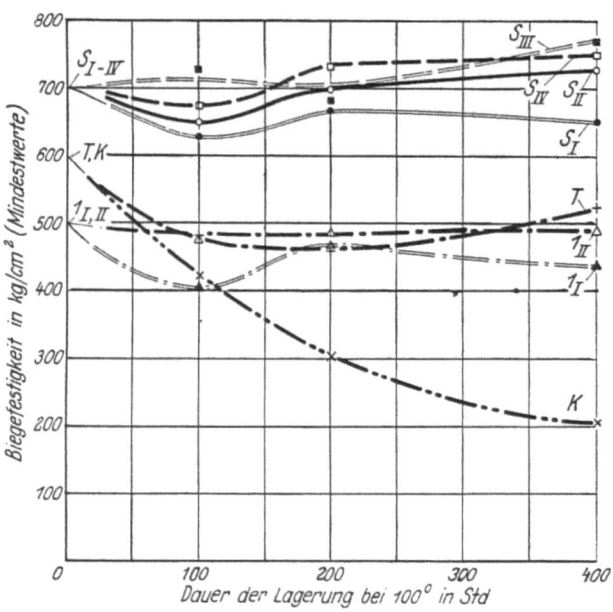

Abbildung 1.
Aenderung der Biegefestigkeit von 10 mm dicken Proben nach Lagerung bei 100°.

1. Einfluß der Zeit auf die Eigenschaften von Normalstäben.

(Aenderungen nach Lagerung bei verschiedenen Temperaturen in Abhängigkeit von der Zeit.)

a) Lagerung bei 100°.

Charakteristisch für die Temperaturstufe 100° ist die bereits bei 100° eintretende weitgehende Zersetzung der Aminoplaste, Typ K, und die beginnende Schädigung der Phenoplaste mit organischem Gespinst, Typ T.

Biegefestigkeit (vgl. Abb. 1). Die Aenderungen bei S_{I-IV} und 1_{I-II} sind gering; während anfangs — nach 100 Stunden — meist eine geringe Festigkeitsabnahme zu verzeichnen ist, steigen später die Festigkeiten soweit wieder an, daß die Endwerte — nach 400 Stunden — nur unwesentlich von den Anfangswerten abweichen. Bei T dagegen sinkt die Festigkeit in den ersten 200 Stunden um mehr als 20%.

Die Biegefestigkeit von K sinkt stetig, verbunden mit starken Zersetzungserscheinungen (Blasen, Risse); nach 400 Stunden beträgt der Festigkeitsverlust bereits rund 70%.

Schlagbiegefestigkeit. Der Verlauf der Schlagbiegefestigkeiten der einzelnen Preßstoffe entspricht im wesentlichen dem der Biegefestigkeiten.

Wasseraufnahme. Während bei den Typen S_{I-IV}, 1_{I-II} nennenswerte Aenderungen nicht auftreten, steigt das Wasseraufnahmevermögen des Typs T stetig und liegt nach 400 Stunden 30% über dem Anfangswert.

Die Proben des Typs K waren unter dem Einfluß der Warmlagerung schon nach 100 Stunden so weitgehend zersetzt (Blasen, Risse), daß von einer anschließenden Messung der Wasseraufnahme Abstand genommen wurde.

Schrumpfung. Bei Typ S_{I-IV} ist eine stetige Zunahme der Schrumpfung zu verzeichnen; sie betrug nach 400 Stunden

bei S_{I-III} 0,53 bis 0,55%,
bei S_{VI} 0,69%.

Geringer war die Schrumpfung bei Typ T: nach 200 und 400 Stunden 0,30%.

Sehr geringe, aber stetig zunehmende Schrumpfungen traten bei Typ 1_I und 1_{II} auf:

	1_I	1_{II}
nach 100 Std.	0,07%	0,15%,
„ 200 Std.	0,14%	0,16%,
„ 400 Std.	0,18%	0,22%.

Sehr stark waren die Schrumpfungen bei K:
bereits nach 100 Std. 1,33%,
„ 400 Std. 1,72%.

b) Lagerung bei 125°.

Die Temperaturstufe 125° ist die kritische Stufe für Phenoplaste mit organischem Füllstoff (Holzmehl) des Typs S. Die bei 125° zu erwartende Veränderung des Füllstoffs (Holzmehl) tritt allerdings — wie die folgenden Ergebnisse zeigen — noch nicht ausgeprägt in Erscheinung. Dagegen ist bei den Phenoplasten mit organischen Gespinsten, Typ T, die gegenüber der 100°-Stufe fortschreitende Schädigung deutlich erkennbar. Typ K ist bei 125° nicht mehr untersucht worden, da dieser Typ schon bei 100° weitgehend geschädigt wird.

Von einer Untersuchung des Typs 1 (1_I und 1_{II}) ist ebenfalls Abstand genommen worden, da nach den Ergebnissen bei 150° bei der 125°-Stufe keine aufschlußreichen Ergebnisse zu erwarten waren.

Biegefestigkeit. Die Festigkeiten der Preßstoffe des Typs S_{I-II} und S_{IV} fallen in den ersten 100 Stunden etwas (maximal um 7%), steigen aber dann wieder an, so daß die Werte nach 200 Stunden höher liegen; bei S_{III} war ein stetiger Anstieg zu verzeichnen.

Bei Typ T sinkt die Festigkeit stark; nach 200 Stunden liegt die Biegefestigkeit 27% unter dem Anfangswert.

Schlagbiegefestigkeit. Bei Typ S_{I-IV} und T treten starke Schwankungen auf; die Endwerte nach 200 Stunden entsprechen bei S_{II} und S_{III} etwa den Anfangswerten, bei S_I und S_{IV} liegen sie bis zu 9% niedriger, bei T um 13%.

Wasseraufnahme ist bei der 125°-Stufe nicht ermittelt worden.

Schwindung. Die Schwindung verläuft nicht einheitlich:

	S_I	S_{II}	S_{III}	S_{IV}	T
nach 50 Std.	0,32%	0,40%	0,35%	0,42%	0,43%
„ 100 „	0,41%	0,36%	0,39%	0,50%	0,38%
„ 200 „	0,46%	0,50%	0,48%	0,57%	0,35%

c) **Lagerung bei 150°.**

Die 150°-Stufe wirkt auf alle Phenoplaste mit organischen Füllstoffen stark schädigend, bei Preßstoffen des Typs S allerdings erst nach 50- bis 100stündiger Lagerung.

Biegefestigkeit (vgl. Abb. 2). Bei den harzreichen Preßstoffen S_I und S_{III} tritt in den ersten 100 Stunden eine geringe Steigerung der Festigkeit ein; nach 200 Stunden liegen die Festigkeiten jedoch rund 20% unter den Anfangswerten. Bei den harzarmen Stoffen S_{II} und S_{IV} fallen die Festigkeiten nach 100 bzw. 50 Stunden; die Endwerte nach 200 Stunden liegen bei S_{II} fast 30%, bei S_{IV} fast 20% unter den Anfangswerten.

Die Biegefestigkeit des Typs T sinkt stetig, nach 200 Stunden ist ein Festigkeitsverlust von rund 35% zu verzeichnen.

Bei Typ 1_I und 1_{II} tritt nach anfänglichem Festigkeitsabfall eine Steigerung ein, so daß die Endwerte nach 200 Stunden etwa den Anfangswerten entsprechen.

Schlagbiegefestigkeit. Der Verlauf entspricht bei S_{I-IV} etwa dem der Biegefestigkeit; nach 200 Stunden beträgt jedoch der Festigkeitsverlust 35—40%.

Auch bei Typ T ist der Verlauf entsprechend dem der Biegefestigkeit; der Festigkeitsverlust nach 200 Stunden beträgt 71%.

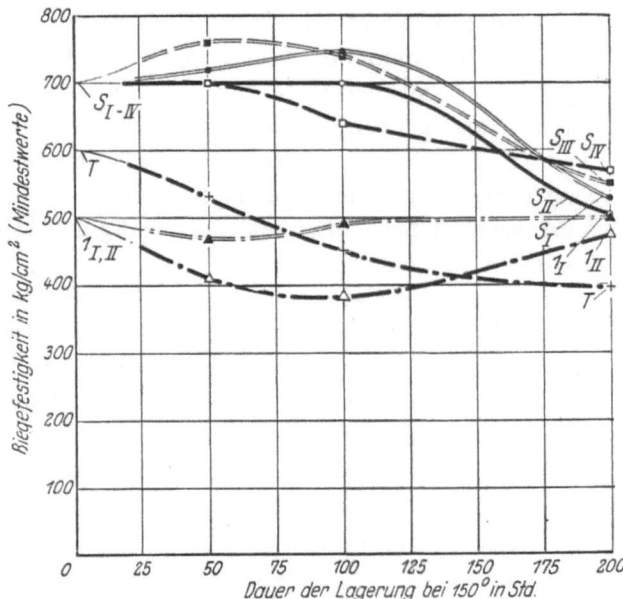

Abbildung 2.
Aenderung der Biegefestigkeit von **10 mm** dicken Proben nach Lagerung bei 150°.

Bei Typ 1_I und 1_{II} fallen die Schlagbiegefestigkeiten in den ersten 100 Stunden, um dann wieder bis in die Nähe der Anfangswerte zu steigen.

Wasseraufnahme (vgl. Abb. 3). Während bei S_{I-IV} nach 50 Stunden das Wasseraufnahme-Vermögen geringer als zu Anfang ist,

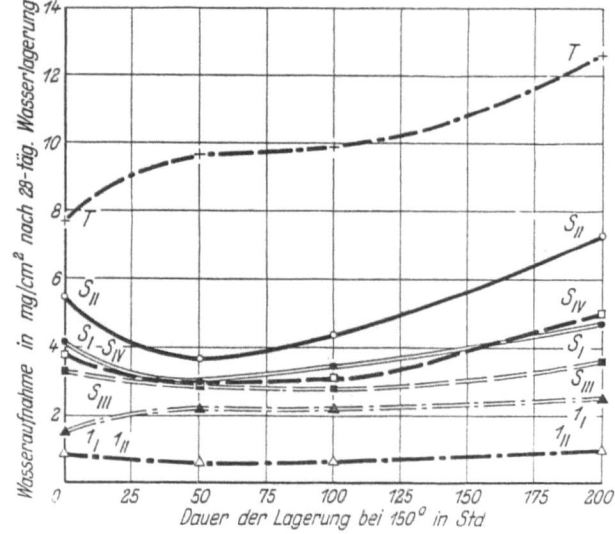

Abbildung 3.
Aenderung des Wasseraufnahme-Vermögens von **10 mm** dicken Proben nach Lagerung bei 150°.

steigt es im weiteren Verlauf stetig, und zwar am stärksten, wie zu erwarten, bei den harzarmen Stoffen S_{II} und S_{IV}.

Bei Typ T ist eine ständige Zunahme zu verzeichnen; nach 200 Stunden ist das Wasseraufnahme-Vermögen um mehr als 50% höher als zu Anfang.

Bei Typ 1_I mit Asbest tritt gleichfalls eine Steigerung der Wasseraufnahme ein; dagegen ist Typ 1_{II} ohne Asbest bemerkenswert gleichbleibend.

Schrumpfung. Die Schrumpfungen sind in der folgenden Tafel zusammengestellt.

	S_I	S_{II}	S_{III}	S_{IV}	T	1_I	1_{II}
nach 50 Std.	0,36%	0,30%	0,35%	0,47%	0,34%	0,06%	0,12%
" 100 "	0,55%	0,52%	0,76%	0,63%	0,42%	0,08%	0,15%
" 200 "	0,96%	0,75%	0,89%	0,98%	0,47%	0,14%	0,24%

d) Lagerung bei 200°.

Die 200°-Stufe wirkt auf die Festigkeiten der Phenoplaste mit organischen Füllstoffen, Typ S, im wesentlichen wie die 150°-Stufe, mit dem Unterschied, daß bereits nach etwa 50 Stunden ein Endzustand erreicht wird, der sich im weiteren Verlauf der Lagerung nicht mehr nennenswert ändert. Bemerkenswert ist die große Beständigkeit der Phenoplaste mit anorganischen Füllstoffen, Typ 1, die selbst nach 200stündiger Lagerung bei 200° lediglich eine Zunahme des Wasseraufnahme-Vermögens zeigen.

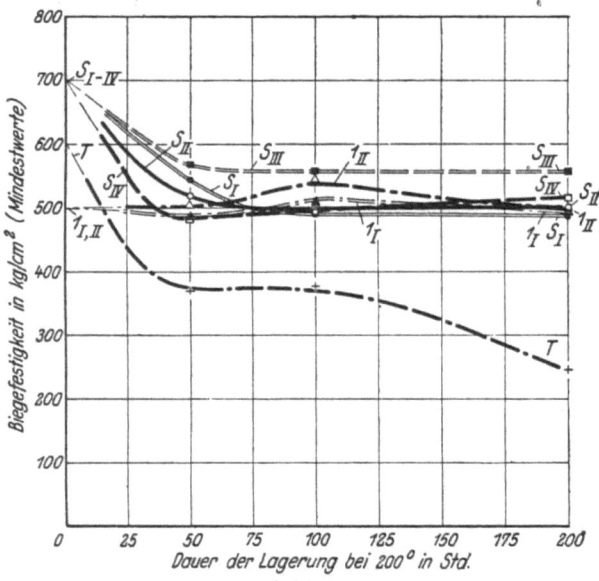

Abbildung 4.
Aenderung der Biegefestigkeit von 10 mm dicken Proben nach Lagerung bei 200°.

Biegefestigkeit (vgl. Abb. 4). Nach starkem Abfall der Festigkeit (bis zu 31%) nach den ersten 50 Stunden der Lagerung treten im weiteren Verlauf keine erheblichen Aenderungen mehr bei den vier Sorten des Typs S ein, bei den Sorten S_{III} und S_{IV} mit Kresolharz sind die Festigkeitsverluste nach 200 Stunden etwas geringer als bei den Sorten S_I und S_{II} mit Phenolharz.

Die Biegefestigkeit von Typ T sinkt nach 50 Stunden um fast 40%; nach 200 Stunden beträgt der Verlust rund 60%.

Praktisch unverändert bleiben die beiden Sorten des Typs 1, 1_I und 1_{II}. Die Festigkeiten nach 200 Stunden liegen etwa ebenso hoch wie die des Typs S nach der gleichen Beanspruchung.

Schlagbiegefestigkeit (vgl. Abb. 5). Der Verlauf entspricht dem der Biegefestigkeit. Bei Typ T ist jedoch der Festigkeitsverlust erheblich größer; nach 100 Stunden ist die Schlagbiegefestigkeit um rund 80% gefallen.

Wasseraufnahme (vgl. Abb. 6). Bei Typ S sind Höhe und Verlauf des Wasseraufnahme-Vermögens abhängig von Harzart und Harzgehalt. Die Sorten S_I und S_{II} mit Phenolharz haben zu Beginn und nach 200 Stunden

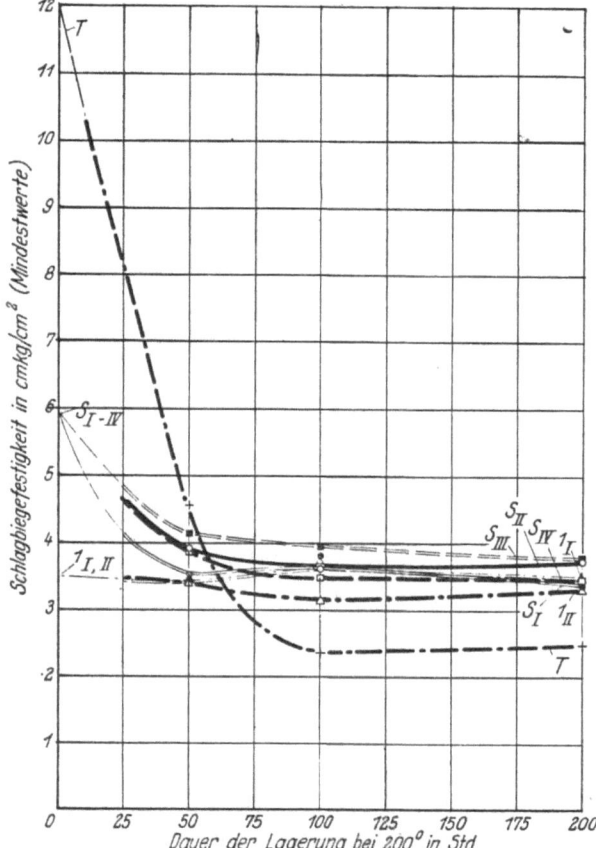

Abbildung 5.
Aenderung der Schlagbiegefestigkeit von 10 mm dicken Proben nach Lagerung bei 200°.

Lagerung höhere Wasseraufnahme als die Sorten mit Kresolharz; bei gleicher Harzart haben die Sorten mit geringerem Harzgehalt die höhere Wasseraufnahme (S_{II}, S_{IV}). Diese beiden Sorten haben ein Maximum nach rund 100 Stunden, während die harzreichen S_I und S_{III} ziemlich gleichmäßigen Anstieg zeigen.

Typ T erfährt eine starke Zunahme des Wasseraufnahme-Vermögens, das nach 100

Stunden auf das Doppelte, nach 200 Stunden auf mehr als das vierfache des Anfangswertes steigt.

Bei Typ 1$_I$ mit Asbest steigt die Wasseraufnahme anfangs schnell, dann langsamer. Nach 200 Stunden Warmlagerung ist das Aufnahmevermögen fast auf das dreifache des Anfangswertes gestiegen, so daß nach dieser Zeit der Wert für Typ S erreicht wird. Bei Typ 1$_{II}$ ist zwar auch eine Zunahme bis zum dreifachen

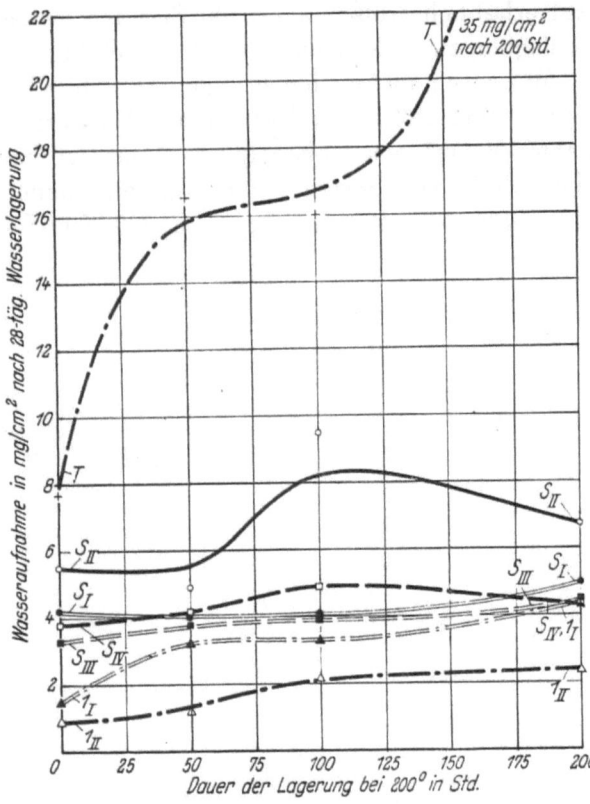

Abbildung 6.
Aenderung des Wasseraufnahme-Vermögens von **10 mm** dicken Proben nach Lagerung bei 200°.

des Anfangswertes zu verzeichnen, doch ist der Wert auch nach 200 Stunden noch verhältnismäßig niedrig.

Schrumpfung (vgl. Abb. 7). Bei Type S sind Größe und Verlauf der Schrumpfung wie bei der Wasseraufnahme unterschiedlich je nach Harzart und Harzgehalt. Bei den Sorten S_I und S_{II} mit Phenolharz sind die Schrumpfungen durchweg geringer als bei denen mit Kresolharz. Bei gleicher Harzart weisen die harzärmeren nach 200 Stunden die geringere Schrumpfung auf. Während die Schrumpfungen bei Typ S in den ersten 100 Stunden stark zunehmen, sind danach nur noch geringe Zunahmen zu verzeichnen.

Bei Typ T ist dagegen offenbar auch nach 200 Stunden der Endzustand noch nicht erreicht.

Ausgezeichnet verhalten sich die Phenoplaste mit anorganischem Füllstoff. Die Schrumpfung, die nach 50 Stunden erreicht wird, ist unerheblich und nimmt nach weiterer Lagerung nicht zu.

e) **Lagerung oberhalb 200°.**

Bei dem Versuch, den Einfluß der Lagerung oberhalb 200° zu untersuchen, wurden die Phenoplaste nach wenigen Stunden bei 220° zerstört (starke Blasenbildung und Aufreißen der Normalstäbe).

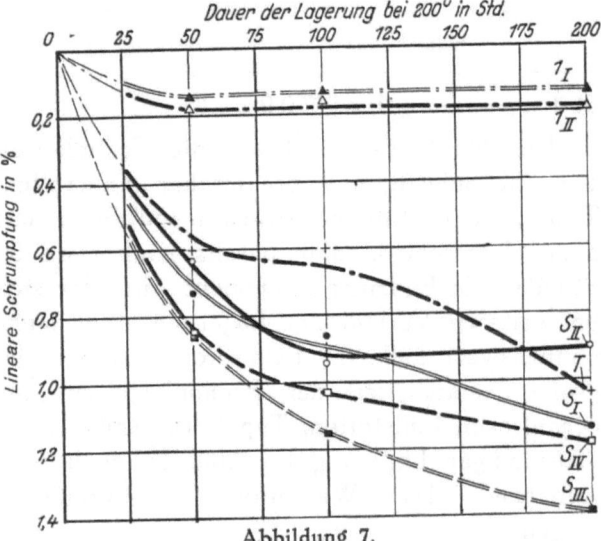

Abbildung 7.
Schrumpfung von **10 mm** dicken Proben nach Lagerung bei 200°.

2. Einfluß der Temperatur auf die Eigenschaften von Normalstäben.

(Aenderungen nach 200stündiger Warmlagerung im Bereich 100°—200°)

Zur Beurteilung der Dauerwärme-Beständigkeit ist die Kenntnis der höchsten Temperatur notwendig, die ein Stoff dauernd ohne Schädigung verträgt. Wie die unter 1) beschriebenen Versuche gezeigt haben, ist nach 200 Stunden Warmlagerung in der Mehrzahl der Fälle ein Zustand erreicht, der sich bei weiterer Warmlagerung bei der gleichen Temperatur nicht mehr erheblich ändert. Die nach 200 Stunden erhaltenen Aenderungen der Eigenschaften dürften daher einen ausreichenden Anhalt für das Verhalten des Stoffes bei Dauererwärmung bieten. Trägt man die nach 200 Stunden bei den verschiedenen Temperaturstufen erhaltenen Eigenschaftswerte graphisch auf, so erhält man für jede Eigenschaft einen Kurvenzug, der erkennen läßt, bei welcher Temperatur eine bleibende Schädigung des Stoffes eintritt.

Für die Biege-, Schlagbiegefestigkeit, Wasseraufnahme und Schrumpfung sind die entsprechenden Darstellungen in den Abb. 8, 9, 10 und 11 wiedergegeben. Unter 100° konnte der Verlauf nur annähernd auf Grund früherer Erfahrungen dargestellt werden. Bei der Darstellung des Verlaufs der Biege- und Schlagbiegefestigkeit ist im folgenden diejenige Temperatur als höchstzulässige für den betreffenden Stoff betrachtet und eingezeichnet worden, bei der nach 200 Stunden ein Festigkeitsabfall von höchstens 10% eintritt.

Biegefestigkeit (vgl. Abb 8). Bei Typ S ist durchweg nach 200stündiger Lagerung zwischen 100° und 125° ein Ansteigen zu verzeichnen, dem ein starker Abfall zwischen 125° und 150° bis um fast 30% folgt. Zwischen 150° und 200° treten keine wesentlichen Aenderungen mehr auf. Oberhalb 200° fällt die Festigkeit erneut bis zur Zerstörung des Stoffes. Die kresolharzhaltigen Sorten S_{III} und S_{IV} weisen etwas geringere Festigkeitsverluste auf als die phenolharzhaltigen S_I und S_{II}.

Typ T erleidet den ersten starken Festigkeitsverlust (rund 20%) bereits nach 200stündiger Lagerung unter 100°; über 100° sinkt die Festigkeit erst schwach, dann stärker bei fortschreitender Zerstörung des Stoffes.

Die Festigkeit der Phenoplaste mit anorganischen Füllstoffen, 1_I und 1_{II} bleibt praktisch unverändert bis oberhalb 200°; nach 200stündiger Lagerung bei etwa 215° dürfte der Festigkeitsverlust 10% erreichen.

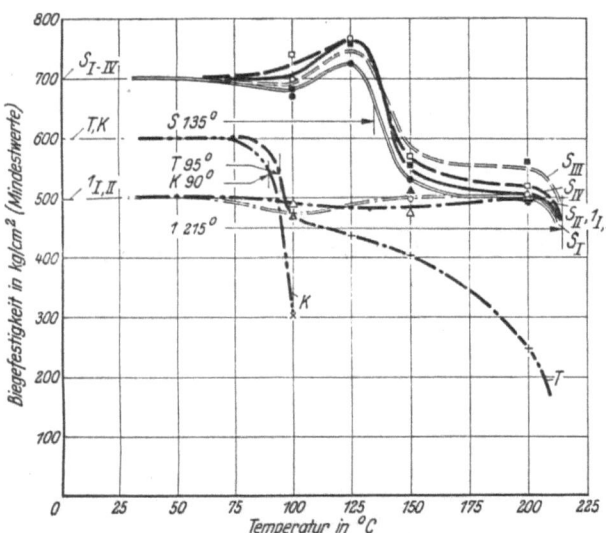

Abb. 8. Aenderung der Biegefestigkeit von 10 mm dicken Proben nach 200stündiger Warmlagerung bei verschiedenen Temperaturen.

Bei Typ K sinkt die Festigkeit nach 200 Stunden bei 100° bereits infolge weitgehender Zersetzung auf 50% des Anfangswertes; die höchstzulässige Temperatur, bei der nach 200 Stunden der Festigkeitsverlust nur 10% beträgt, wird auf Grund von Einzelversuchen auf 90° geschätzt.

Schlagbiegefestigkeit (vgl. Abb. 9). Der Verlauf der Schlagbiegefestigkeiten in Abhängigkeit von der Temperatur entspricht dem der Biegefestigkeiten. Nur bei Typ T ist im Gegensatz zur Biegefestigkeit bei 100° ein Anstieg zu verzeichnen, dem ein außerordentlich starker Abfall folgt.

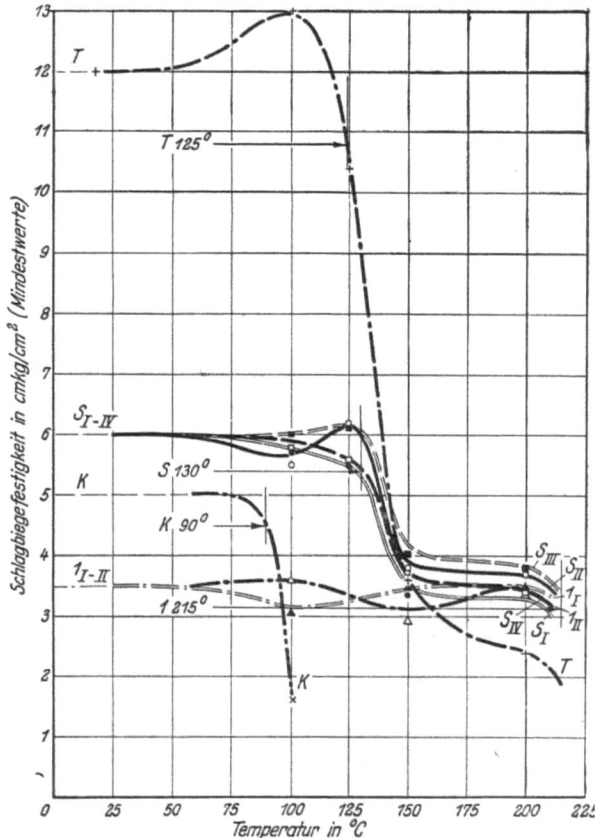

Abb. 9. Aenderung der Schlagbiegefestigkeit von 10 mm dicken Proben nach 200stündiger Warmlagerung bei verschiedenen Temperaturen.

Wasseraufnahme (vgl. Abb. 10). Bei Typ S und T zeigen die Werte für die Wasseraufnahme einen Zusammenhang mit den entsprechenden Werten für die Biegefestigkeit: mit fallendem Wasseraufnahme-Vermögen ist ein Anstieg der Biegefestigkeit, mit steigendem Aufnahmevermögen ein Festigkeitsabfall verbunden.

Dieser Zusammenhang besteht jedoch nicht bei Typ 1. Während die Biegefestigkeit fast unverändert bleibt, steigt das Wasseraufnahme-Vermögen stetig, um bei 1_I nach Lagerung bei 200° die Werte von Typ S zu erreichen. Geringer ist der Anstieg bei dem asbestfreien Material des Typs 1 (1_{II}), bei dem sogar nach 200 Stunden bei 200° die Wasseraufnahme nur wenig über 2 mg/cm² nach 28tägiger Wasserlagerung liegt.

Bei den verschiedenen Sorten des Typs S sind die Wasseraufnahmen bei den harzreichen

S_I und S_{III} — wie zu erwarten — geringer als bei den entsprechenden harzarmen S_{II} und S_{IV}. Ferner haben die kresolharzhaltigen S_{III} und S_{IV} etwas geringere Aufnahmen als die entsprechenden phenolharzhaltigen S_I und S_{II}.

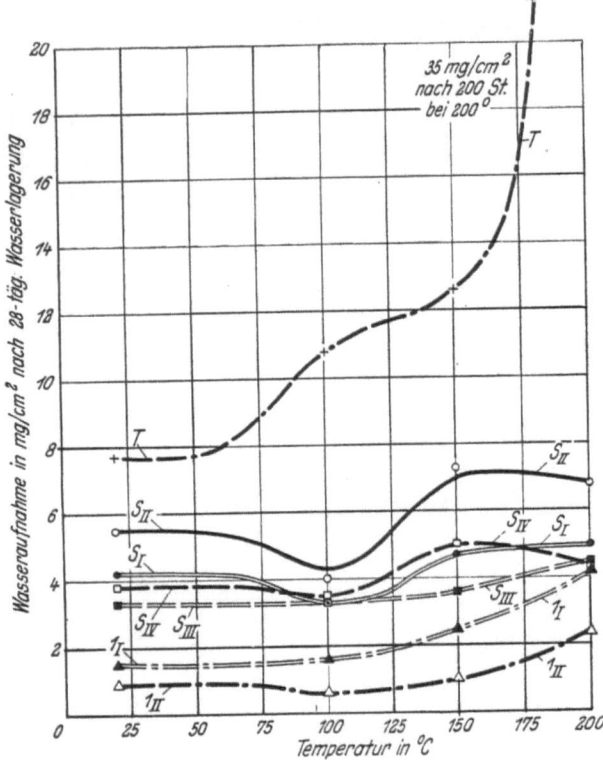

Abb. 10. Aenderung des Wasseraufnahme-Vermögens von **10 mm** dicken Proben nach 200stündiger Warmlagerung bei verschiedenen Temperaturen.

Schrumpfung (vgl. Abb. 11). Die Schrumpfungen bei Typ S wachsen mit der Temperatur verhältnismäßig stark, aber nicht stetig: bei etwa 100°, 130° und 150° sind ungefähr wie beim Festigkeitsverlauf Wendepunkte im Verlauf der Schrumpfungen zu erkennen. Nach Lagerung oberhalb 150° sind die Schrumpfungen der phenolharzhaltigen Sorten S_I und S_{II} geringer als die der kresolharzhaltigen S_{III} und S_{IV}; bei den phenolharzhaltigen Sorten ist die Schrumpfung der harzreicheren Sorte (S_I) größer als die der harzärmeren (S_{II}); bei den kresolharzhaltigen tritt dieser Unterschied nicht so deutlich in Erscheinung.

Bei Typ T ist bis zu etwa 150° die Schrumpfung gegenüber Typ S verhältnismäßig gering, nimmt dann aber stark zu.

Bei Typ 1 sind die Schrumpfungen recht gering (bis zu 0,2%) und zwischen 100° und 200° praktisch temperaturunabhängig.

Bei Typ K muß schon bei Temperaturen unter 100° mit recht erheblichen Schrumpfungen gerechnet werden; nach 200 Stunden bei 100° wird bereits ein Wert von etwa 1,6% erreicht.

B. 3 mm-Proben (Rippenbecher).

Die Untersuchung der 3 mm dicken Rippenbecher-Proben wurde etwa in dem gleichen Umfange durchgeführt wie die der 10 mm dicken Normalstäbe. Die Untersuchung sollte vor allem Klarheit darüber bringen, ob und innerhalb welcher Grenzen die Normalstab-Ergebnisse auf dünnwandige Fertigstücke übertragbar sind.

1. Einfluß der Zeit auf die Eigenschaften von 3 mm-Proben.

(Aenderungen nach Lagerung bei verschiedenen Temperaturen in Abhängigkeit von der Zeit.)

Lagerung bei 100°.

Die nach 100, 200 und 400 Stunden Lagerung bei 100° auftretenden Aenderungen der Biege-, Schlagbiegefestigkeit und des Wasseraufnahme-Vermögens, sowie die Schrumpfungen von Typ S, T, 1 unterscheiden sich nicht grundsätzlich von den beim Normalstab beschriebenen.

Die 3-mm-Proben des Typs K verhielten sich fast durchweg günstiger als die Normalstäbe.

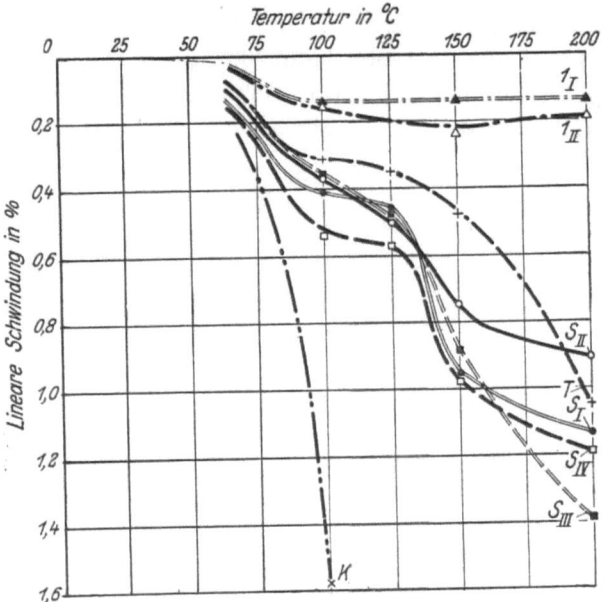

Abb. 11. Lineare Schrumpfung von **10 mm** dicken Proben nach 200stündiger Warmlagerung bei verschiedenen Temperaturen.

Aufreißen und Blasigwerden trat bei den dünnen Proben auch nach 400 Stunden fast ausnahmslos nicht ein. So war es auch möglich, an den Proben die Wasseraufnahme (28 Tage in Wasser) zu bestimmen.

Sie betrug zu Beginn . . 5,7 mg/cm²
    nach 100 Stunden . 1,4 mg/cm²
    nach 200 Stunden . 2,2 mg/cm²
    nach 400 Stunden . 2,8 mg/cm²

Lagerung bei 125° und 200°.

Die nach 50, 100 und 200 Stunden Lagerung bei 125° und 200° auftretenden Aenderungen unterscheiden sich gleichfalls nicht grundsätzlich von den am Normalstab beobachteten Aenderungen; lediglich bei der asbestfreien Sorte des Typs 1 (1_{II}) ist im Gegensatz zum Normalstab eine nicht unbeträchtliche Steigerung der Biegefestigkeit unter dem Einfluß der Warmlagerung zu verzeichnen.

Lagerung bei 150°.

Bei der 150°-Stufe ist ein abweichendes Verhalten der 3 mm-Proben des Typs S gegenüber der 150°-Stufe bei den Normalstäben festzustellen. Während am Normalstab die Festigkeiten nach Anstieg in den ersten 100 Stunden anschließend stark absinken bis weit unter die Anfangswerte, sind an den 3 mm-Proben die Festigkeiten auch nach 200 Stunden höher als

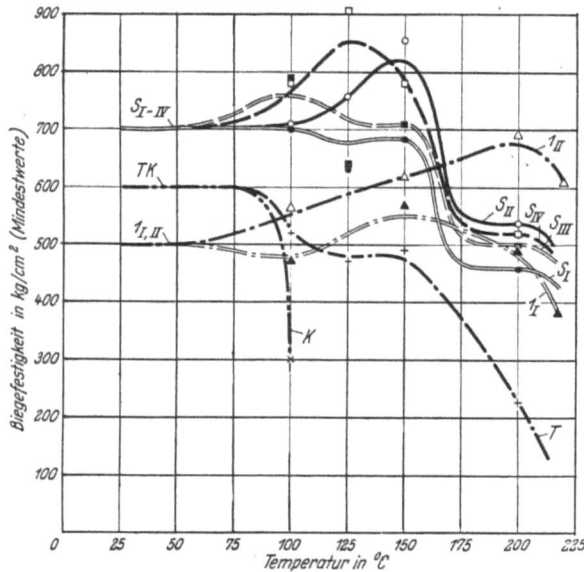

Abb. 12. Aenderung der Biegefestigkeit von **3 mm** dicken Proben nach 200stündiger Warmlagerung bei verschiedenen Temperaturen.

die Anfangswerte. Im Zusammenhang damit liegen die Werte für die Wasseraufnahme und Schrumpfung niedriger als die entsprechenden Normalstabwerte. Eine dauernde Schädigung tritt also bei dünnwandigen Teilen des Typs S erst bei Temperaturen oberhalb 150° ein.

Lagerung bei 220°.

3-mm-Proben des Typs 1 (Sorten 1_I und 1_{II}) wurden außerdem bei 220° gelagert.

Bei dieser Temperaturstufe steigen zwar die Festigkeiten in den ersten 50 Stunden, sinken aber dann ab. Nach 200 Stunden sind bei 1_I die Festigkeiten unter den Anfangswert gesunken, während bei 1_{II} lediglich die Schlagbiegefestigkeit unter dem Anfangswert liegt. Das Wasseraufnahme-Vermögen steigt dagegen von Anfang an stetig, und zwar bei 1_I stärker als bei 1_{II}. Die Schrumpfungen wachsen zwar auch, sind aber selbst nach 200 Stunden gering: bei $1_I = 0,16\%$, bei $1_{II} = 0,44\%$.

2. Einfluß der Temperatur auf die Eigenschaften von 3 mm dicken Proben.
(Aenderungen nach 200stündiger Warmlagerung im Bereich 100°—220°.)

In der gleichen Weise wie bei den 10 mm dicken Normalstäben sind die nach 200stündiger Warmlagerung erhaltenen Eigenschaftswerte graphisch in den Abb. 12, 13, 14 und 15 dargestellt worden.

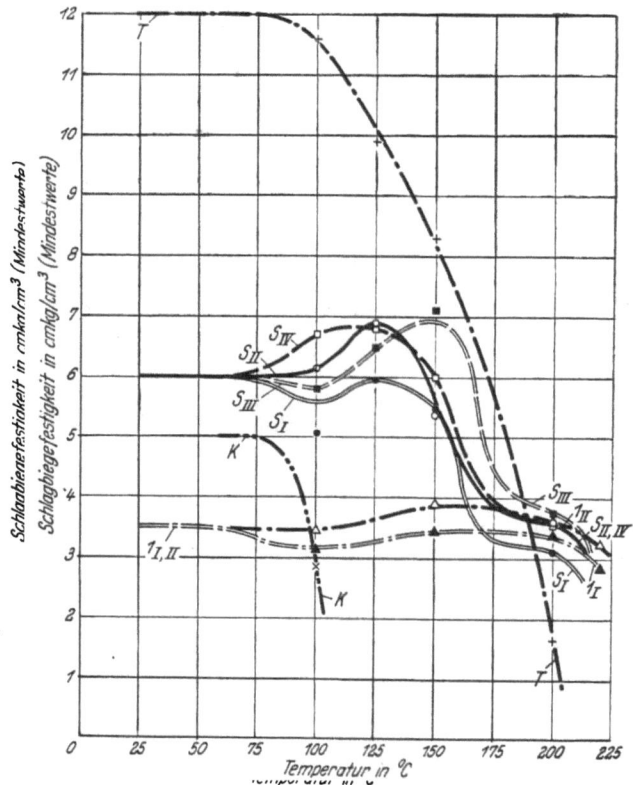

Abb. 13. Aenderung der Schlagbiegefestigkeit von **3 mm** dicken Proben nach 200stündiger Warmlagerung bei verschiedenen Temperaturen.

Ein Vergleich dieser Darstellungen mit den entsprechenden für Normalstäbe (Abb. 8, 9, 10 und 11) läßt die recht weitgehende Uebereinstimmung zwischen dem Verhalten dünn- und dickwandiger Preßteile erkennen. Der Kurvenverlauf ist bei gleichen Sorten bzw. Typen sehr ähnlich. Abweichungen der dünnwandigen Preßlinge vom Normalstab treten im wesentlichen nur in der Größe der Eigenschaftsänderungen und in der Lage der Aenderungen in bezug zur Temperatur auf. So sind bei Typ S am Normalstab erhebliche Eigenschaftsänderungen zwischen 125° und 150°, am dünnwandigen Preßling dagegen erst zwischen 150° und 170° zu verzeichnen. Eine Ausnahme in dem annähernd gleichartigen Verhalten von Normalstab und dünnwandigem Preßling macht Typ 1 ohne Asbest (Sorte 1_{II}), und zwar in bezug auf Biegefestigkeit und Schrumpfung. Die Biegefestigkeit der 3-mm-Proben von 1_{II} steigt stetig an mit der Temperatur; erst bei 200° tritt eine Umkehr ein. Die Schrumpfung nimmt mit steigender Temperatur fast stetig zu, während die Schrumpfung, am Normalstab gemessen, zwischen 100° und 200° annähernd konstant blieb.

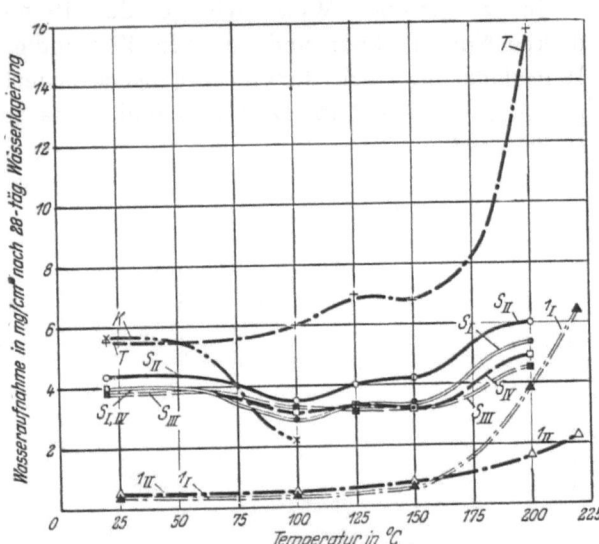

Abb. 14. Aenderung des Wasseraufnahme-Vermögens von 3 mm dicken Proben nach 200stündiger Warmlagerung bei verschiedenen Temperaturen.

Folgerungen aus den Versuchs-Ergebnissen.

1. Kurzfristige Versuche zur Beurteilung der Dauerwärme-Beständigkeit sind unzureichend und können zu einer völlig falschen Bewertung des Stoffes führen. Je niedriger die Versuchstemperatur, um so größer sind die bei kurzfristigen Versuchen möglichen Fehl-Beurteilungen. Daher müssen die Versuchsdauern um so länger gewählt werden, je niedriger die Versuchstemperatur ist. So sind bei 100° C Versuchsdauern von mindestens 200 Stunden, bei 200° von mindestens 50 Stunden notwendig; als erster Anhalt dürfte bei 200° notfalls bei Phenoplasten mit organischen Füllstoffen auch eine 24stündige Versuchsdauer genügen.

2. Als geeigneter Versuchskörper hat sich der 10 mm dicke Normalstab erwiesen. Preßteile, die dünner als 10 mm sind, verhalten sich zwar meist günstiger. Aber zur Schaffung ausreichender Sicherheit dürfen nicht die günstigsten Verhältnisse gewählt werden. Außerdem ist zu berücksichtigen, daß in neuerer Zeit — vor allem bei Anwendung von Kunstharz-Preßstoffen für nichtelektrotechnische Zwecke — in beachtenswertem Maße dickwandige Preßteile, auch über 10 mm Dicke, verwendet werden.

3. Eine Unterteilung der bisher bekannten Typen auf Grund der Dauerwärme-Beständigkeit ist nicht notwendig. Zwar weisen die untersuchten vier Sorten des Typs S und die beiden Sorten des Typs 1 Unterschiede auf. Die Unterschiede sind aber zu gering, um daraufhin etwa eine Aufteilung der betreffenden Typen vorzunehmen. Vielmehr hat die Untersuchung gezeigt, daß der Verlauf der Eigenschaftsän-

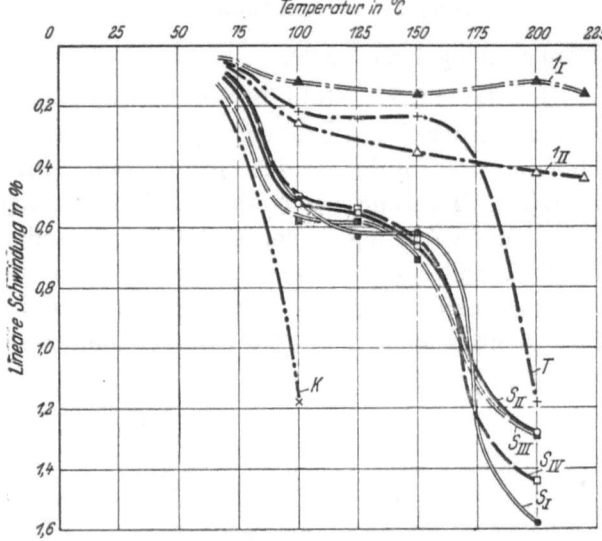

Abb. 15. Lineare Schrumpfung von 3 mm dicken Proben nach 200stündiger Warmlagerung bei verschiedenen Temperaturen.

derungen für jeden Typ „typisch" ist. Damit hat die Untersuchung einen erneuten Beweis für die Zuverlässigkeit und Zweckmäßigkeit der Typisierung geliefert.

4. **Eine erschöpfende Darstellung der Dauerwärme-Beständigkeit eines Stoffes kann nicht durch eine einzige Zahl gegeben werden. Notwendig zur umfassenden Charakterisierung ist die Darstellung der Eigenschaftsänderungen in Abhängigkeit von der Temperatur** etwa in der Form der Abb. 8 bis 11. Zur Beurteilung der Dauerwärme-Beständigkeit sind diejenigen Eigenschaften heranzuziehen, die für den jeweiligen Verwendungszweck von Bedeutung sind. Das vorliegende Versuchsmaterial gibt nur einen Ausschnitt und wird für manche Anwendungszwecke noch unvollkommen sein, da nur Biege-, Schlagbiegefestigkeit, Wasseraufnahme, Schrumpfung und Oberflächenwiderstand[1] Berücksichtigung gefunden haben.

Für die Anwendung von Kunstharz-Preßstoffen bei Dauerwärme-Beanspruchung wird man auf graphische Darstellungen der wichtigen

---
[1] vgl. anschließende Veröffentlichung von Dr. Pfestorf.

Eigenschaften in Abhängigkeit von der Temperatur nicht verzichten können. Will man dennoch zur einfacheren Darstellung der Dauerwärme-Beständigkeit lediglich die zulässige Höchsttemperatur angeben, so ist man gezwungen, willkürliche Festlegungen zu treffen, und zwar hinsichtlich der zu berücksichtigenden Eigenschaften, sowie hinsichtlich der bei der angegebenen Höchsttemperatur noch „zulässigen" Eigenschafts-Verschlechterungen.

Berücksichtigt man z. B. Biege-, Schlagbiegefestigkeit, Wasseraufnahme und Schrumpfung, und verlangt man ferner, daß bei der für den Stoff zulässigen Höchsttemperatur nach 200 Stunden Wärmebeanspruchung die Biege- und Schlagbiegefestigkeiten höchstens 10% gegenüber den Anfangswerten absinken dürfen, die Wasseraufnahme höchstens 10% steigen, die Schrumpfung höchstens 0,6% betragen darf, so käme man zu folgenden Dauerwärme-Beständigkeiten:

Typ	Dauerwärme-Beständigkeit in °C. bei Berücksichtigung der			
	Biegefestigkeit	Schlagbiegefestigkeit	Wasseraufnahme	Schrumpfung
S	135	130	130	130
T	95	125	etwa 80	etwa 165
1	215	215	120	>200
K	90	90	—	etwa 80

Also je nachdem, welche Eigenschaft berücksichtigt wird, erhält man eine andere zulässige Höchsttemperatur als Kennzahl für die Dauerwärme-Beständigkeit. Aendert man nun auch noch die willkürlich getroffenen, bei der angegebenen Höchsttemperatur „zulässigen Aenderungen" der Eigenschaften, so erhält man wieder andere Werte für die Dauerwärme-Beständigkeit. Sieht man z. B. bei Typ S einen Festigkeitsabfall von 30% noch als zulässig an, so würde die Dauerwärme-Beständigkeit bei Berücksichtigung der mechanischen Festigkeit sogar 200° betragen. Darum kann die zahlenmäßige Darstellung der Dauerwärme-Beständigkeit nur einen ungefähren Anhalt geben. Für den Konstrukteur werden die kurvenmäßigen Darstellungen wesentlich aufschlußreicher sein. Sie ermöglichen ihm, z. B. Typ S bis zu 200° C zu verwenden, sofern bei der Gestaltung von Preßteilen von vornherein die bei dieser Temperatur auftretenden Eigenschaftsänderungen (30% Festigkeitsabfall, ~1,4% Schrumpfung) berücksichtigt werden.

5. Will man unter Verzicht auf eine umfassende Darstellung, wie sie unter 4. angegeben wurde, die Dauerwärme-Beständigkeit nur mit einer einzigen Temperaturangabe darstellen, so ist man gezwungen, sich auf eine der vielen in Betracht zu ziehenden Eigenschaften zu beschränken und muß dann außerdem den Begriff „Dauerwärme-Beständigkeit" anders als bisher fassen.

Bevor die vorliegende Arbeit abgeschlossen war, wurde die Dauerwärme-Beständigkeit folgendermaßen definiert:

„Die Dauerwärmefestigkeit eines Stoffes wird in °Celsius angegeben und kennzeichnet die höchste Temperatur, die der Stoff auf lange Dauer (mindestens 200 h) annehmen kann, ohne seine Eigenschaften wesentlich zu verschlechtern. Die Eigenschaften vor und nach der Dauererwärmung sind bei Raumtemperatur zu bestimmen." [2])

Zunächst halten wir die Bezeichnung „Dauerwärme-Beständigkeit" für treffender als die Bezeichnung „Dauerwärmefestigkeit".

Ferner fehlt in der bisherigen Definition eine Angabe, welche Eigenschaften als kennzeichnend zu berücksichtigen sind. Die Ergebnisse haben gezeigt, daß keineswegs alle wichtigen Eigenschaften eines Stoffes bei der gleichen Temperatur eine Verschlechterung erleiden. Außerdem ist in der bisherigen Definition nicht angegeben, was unter „wesentlicher Verschlechterung" zu verstehen ist.

Sofern man zur einfachen Darstellung der Dauerwärme-Beständigkeit nur eine einzige Temperatur angeben will, schlagen wir daher vor, daß man vorläufig — bis zum Vorliegen weiterer Erkenntnisse — nur die mechanische Festigkeit, Biege- und Schlagbiegefestigkeit zur Beurteilung heranzieht. Beide lassen sich schnell und ausreichend zuverlässig bestimmen und dürften für viele praktischen Bedürfnisse der geeignete Maßstab zur Erkennung von Stoffschädigungen sein.

Als neue Fassung für den Begriff „Dauerwärme-Beständigkeit" bei Beschränkung auf eine einzige Temperaturangabe schlagen wir demnach vor:

„Die Dauerwärme-Beständigkeit eines Stoffes wird gekennzeichnet durch die höchste Temperatur (angegeben in °C), welche der Stoff 200 Stunden verträgt, ohne daß die mechanische Festigkeit (Biege- und Schlagbiegefestigkeit) um

---

[2]) vgl. DIN 7701 („Kunstharz-Preßstoffe, warmgepreßt") und VDE 0320/1936 („Leitsätze für die Prüfung nichtkeramischer gummifreier Isolierpreßstoffe").

mehr als 10% absinkt. Zur Ermittlung der Höchsttemperatur werden die Festigkeiten **v o r** und **n a c h** 200stündiger Warmlagerung (bei verschiedenen Temperaturstufen) am Normalstab bei Zimmertemperatur bestimmt."

6. Unter Zugrundelegung der neuen Fassung für die Dauerwärme-Beständigkeit ergeben sich für die untersuchten Stoffe folgende Werte:

Typ	Dauerwärme-Beständigkeit in °C
S	130
T	95
1	etwa 215
K	etwa 90

Die bisher durchgeführten Untersuchungen haben keine Grundlagen zur Schaffung einfacher und zuverlässiger Kurzprüfverfahren zur Beurteilung der Dauerwärme-Beständigkeit eines Stoffes gegeben. Vielleicht sind in dieser Richtung die vorgesehenen chemischen und strukturellen Untersuchungen erfolgreicher. Erst wenn diese Arbeiten abgeschlossen sind, können wahrscheinlich auch die Ursachen der bei der vorliegenden Arbeit beobachteten Eigenschaftsänderungen ausreichend geklärt, und damit Richtlinien für die Herstellung dauerwärmebeständiger Kunstharzpreßstoffe gegeben werden.

Zum Schluß möchten wir Herrn Prof. Stamer vom Staatlichen Materialprüfungsamt Berlin-Dahlem für seine Mitarbeit, sowie denjenigen Firmen unseren besten Dank aussprechen, die liebenswürdigerweise die Arbeiten durch Überlassung von Preßmaterialien gefördert haben.

Vom Kriechen oder Fließen des erhärteten Betons und seiner praktischen Bedeutung

Von Dr.-Ing. A. Hummel

In seiner Abhandlung über die Beeinflussung der Beton-Elastizität[1]) hat der Verfasser beiläufig angedeutet, daß die Erscheinung des Kriechens oder Fließens von Beton bei allen behinderten Formänderungen spannungsvermindernd wirken müsse und daß in solchen Fällen der übliche Elastizitätsmodul E keine richtigen Aufschlüsse über die wahren Betonspannungen liefern könne. Diese Andeutungen bedürfen einer Erweiterung und eines näheren Beweises. Und da die Frage des Fließens von erhärtetem Beton bisher in Deutschland nur selten behandelt worden ist, soll hier eine kurze Zusammenfassung der wichtigsten Forschungsergebnisse versucht werden. Ein solches Beginnen kann um so mehr gerechtfertigt sein, als das Fließen eine **völlige Umwälzung auf dem Gebiete der Spannungsanalyse** im Beton- und Eisenbetonbau bedeuten kann und daher einmal zur Tagesfrage werden wird.

Unter Kriechen oder Fließen eines Baustoffes versteht man die Eigenschaft, daß sich der Baustoff bei Dauerspannungen auch bei vollkommen gleichbleibender Temperatur und Feuchtigkeit über die elastischen Formänderungen und über das Schwinden hinaus weiter verformt, so daß die Beziehung zwischen Spannung und Formänderung in fortwährender Änderung begriffen ist.

Wir unterlassen nicht, schon hier zu erwähnen, daß diese Eigenschaft des Fließens nicht etwa bloß dem Mörtel und Beton anhaftet, sondern so ziemlich bei allen Baustoffen, selbst dem elastischen Stahl, auftritt.

Die Zahl der Formänderungs-Arten bei Beton sehen wir also um eine bisher wenig beachtete Art vermehrt und haben nunmehr zu unterscheiden:

1. Formänderungen unter Temperaturwechsel (Wärmeausdehnungszahl bei Beton im Bereich unserer Klimaschwankungen 0,000010 bis 0,000014),
2. Formänderungen durch Austrocknen, Schwinden (Schwindmaß bei gewöhnl. Beton von 200 bis 350 kg Zement je m³ fertig verdichteter Masse 0,2 bis 0,7 mm/m),
3. Formänderungen durch Befeuchtung, Schwellen (Schwellmaß im allgemeinen rund die Hälfte des Schwindmaßes),
4. Formänderungen unter kurz währenden Spannungen (Elastizitätsmodul rund 100 000 bis 500 000 kg/cm² bei gewöhnlichem Schwerbeton),
5. Formänderungen unter Dauerspannungen (elastische Formänderungen plus Fließen oder Kriechen).

Das Fließen oder Kriechen eines Baustoffes wird häufig auch als plastische Verformung bezeichnet, ein Ausdruck, welcher für Beton deshalb nicht ganz glücklich ist, weil auch das Fließen wenigstens zu einem Teil rückläufig ist, also aus einer plastischen und einer elastischen Formänderung bestehend gedacht werden kann. Der letztere Anteil wird allerdings auch als „plastische Erholung" bezeichnet, und ihm damit der elastische Charakter abgesprochen.

Das Fließen oder Kriechen macht sich bei Beton gewissermaßen embryonal bereits bei den gewöhnlichen Elastizitätsmessungen geltend. Man pflegt in Deutschland den E-Modul von Beton als Quotient aus Spannungen σ und federnder Formänderung ε bei 1minütiger Belastungsdauer anzusprechen. Hierbei werden die Spannungsstufen 0 bis σ so oft aufgebracht, bis $\varepsilon_{fed.}$ als Differenz zwischen ε_{gesamt} und $\varepsilon_{bleib.}$ zur Konstanten geworden ist. Belastet man weniger lang als 1 Minute, so werden die E-Moduln größer, belastet man länger als 1 Minute, so sinken die E-Moduln; das letztere ist auch der Fall bei Vermehrung der Zahl der Belastungen.

Zur Kennzeichnung der aufzudeckenden Zusammenhänge ergänzen wir zunächst in Zusammenstellung Nr. 1 das Beispiel Reihe G der erwähnten Abhandlung[1]) durch die Angaben der Formänderungen nach einmaliger Belastung. Bei einer Spannungsstufe von 0 bis 100 kg/cm² z. B. ergibt sich für den vorliegenden Beton der übliche Druck-Elastizitätsmodul

$$E = \frac{\sigma}{\varepsilon_{fed.}} = \frac{100}{3,33 \cdot 10^{-4}} = 300\,000 \text{ kg/cm}^2.$$

[1]) Zement 1935, Nr. 42 und 43.

Zusammenstellung Nr. 1

Druck-Spannung kg/cm²	Spezifische Zusammendrückungen $\varepsilon \cdot 10^{-4}$						Druck-E-Modul t/cm²	Anzahl der Belastungen
	bei der 1. Belastung			nach erreichter Konstanz der fed. Zusammendrückung				
	gesamt	bleib.	federnd	gesamt	bleib.	federnd		
0— 20	0,61	0,02	0,59	0,61	0,02	0,59	339	2
0— 40	1,29	0,06	1,23	1,30	0,06	1,24	323	2
0— 60	2,00	0,12	1,88	2,02	0,14	1,88	319	2
0— 80	2,77	0,20	2,57	2,82	0,23	2,59	308	3
0—100	3,60	0,30	3,30	3,68	0,35	3,33	300	3
0—120	4,48	0,41	4,07	4,57	0,47	4,10	293	3
0—140	5,43	0,54	4,89	5,53	0,63	4,90	285	3
0—160	6,43	0,72	5,71	6,80	0,92	5,88	273	6

Bei einer behinderten Formänderung (z. B. unter dem Einfluß einer Temperaturerhöhung), welche sich rechnerisch zu $3{,}33 \cdot 10^{-4}$ ergeben hat, braucht aber die entstandene Spannung bei diesem Beton nicht unbedingt 100 kg/cm² zu sein. Schon bei kurzem

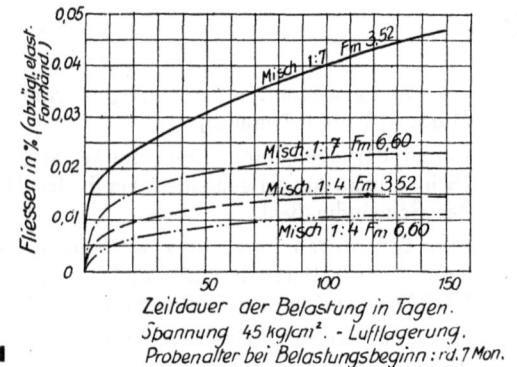

Spannungsvorgang bleibt ja der etwaige Anteil der bleibenden Formänderung, der bei der obigen Berechnung des E-Moduls unter den Tisch gefallen ist,

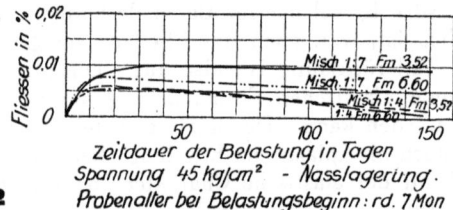

spannungslos. Viele Länder nehmen deshalb als E-Modul nicht den Wert $\dfrac{\sigma}{\varepsilon_{fed.}}$, sondern den Wert $\dfrac{\sigma}{\varepsilon_{gesamt}}$, der stets kleiner ist, nämlich bei unserem Beispiel $\dfrac{100}{3{,}68 \cdot 10^{-4}} = 272\,000$ kg/cm². In diesem Falle wäre die Spannung bei einer behinderten Raum-

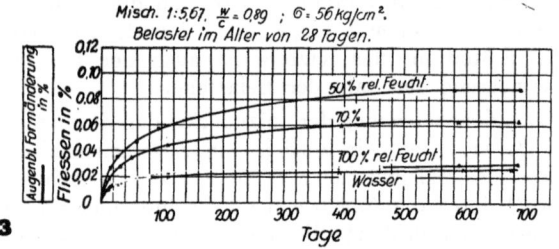

änderung von $3{,}33 \cdot 10^{-4}$ nicht 100 kg/cm², sondern nur $272\,000 \cdot 3{,}33 \cdot 10^{-4} = 91$ kg/cm².

Erst recht aber muß die Brauchbarkeit des gewissermaßen aus einer Momentaufnahme der Form-

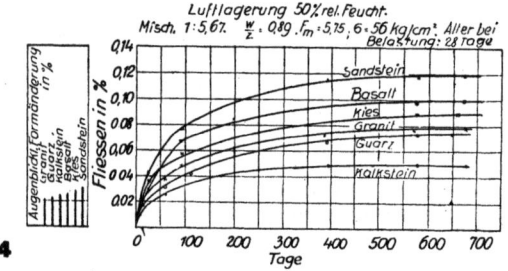

änderungsvorgänge hervorgegangenen E-Moduls schwinden, wenn Dauerspannungen vorliegen, bei welchen ε_{gesamt} infolge des Fließens fortwährend wächst. In welch hohem Maße dies der Fall ist, kann erst entschieden werden, nachdem wir der Größe des Fließmaßes unter verschiedenen Bedingungen nachgegangen sind, was zu tun uns nunmehr obliegt.

Untersuchungen über das Fließen von Beton sind in großem Umfange in Amerika und England angestellt worden, deren Hauptereignisse im folgenden zusammengefaßt seien.

A. Untersuchungen von R. E. Davis[2]). Fließen von Beton unter Dauerdruckspannungen. Aus den

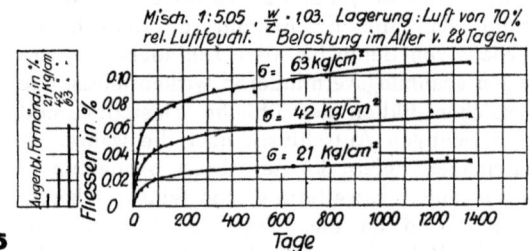

außerordentlich reichhaltigen Ergebnissen sind in den Abbildungen Nr. 1 bis 9 die aufschlußreichsten Ergebnisse auf deutsche Maße übertragen worden. Zu den Versuchsanordnungen sei bemerkt: Die Probekörper bestanden aus Zylindern und Säulen. Die Dauerlasten wurden mit Hilfe von Spiral-Stahlfedern ausgeübt. Die Messungen erfolgten in Räumen mit konstanter Temperatur und geregelter relativer Luftfeuchtigkeit (in sogenannten Klimaräumen), wie überhaupt die Lagerungsbedingungen aufs genaueste überwacht worden waren. Bei der Naß- bzw. Wasser-

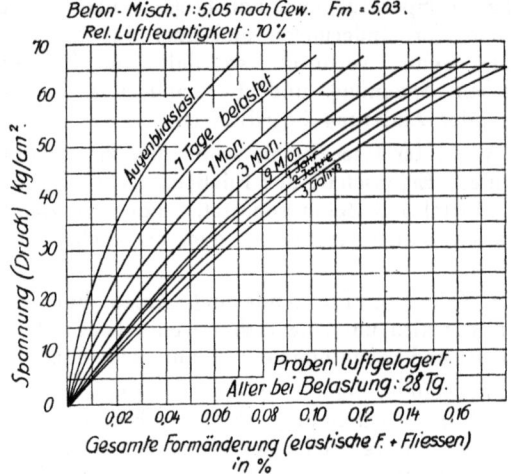

lagerung erfolgten auch die Dauerbelastungen unter temperiertem Wasser. Die sonstigen Daten sind bei den Abbildungen vermerkt. Die Fließmaße bei den luftgelagerten Körpern verstehen sich nach Abzug der elastischen Formänderung (augenblicklichen Formänderung) und des Schwindens. Nur bei den wassergelagerten Probekörpern sind keine Berichtigungen vorgenommen worden, was bei der Beurteilung dieser Ergebnisse wohl zu beachten ist. Hier sind Fließen und elastische Formänderungen teilweise vom Schwellen unter Wasserlagerung überlagert und aufgewogen.

Zur einfacheren Verständigung bezeichnen wir im folgenden die augenblicklichen Formänderungen

---

[2]) R. E. Davis. Flow of Concrete under sustained Compressiv Stress. Journal of the American Concrete Institute 1928, S. 303. R. E. Davis und H. E. Davis. Flow of Concrete under sustained Loads. Journal of the American Concrete Institute 1931, S. 837.

(elastischen Formänderungen) mit ε und das Fließen mit f.

Bezüglich des Fließvorganges entnehmen wir den Abbildungen bzw. den Davis'schen Schlußfolgerungen:

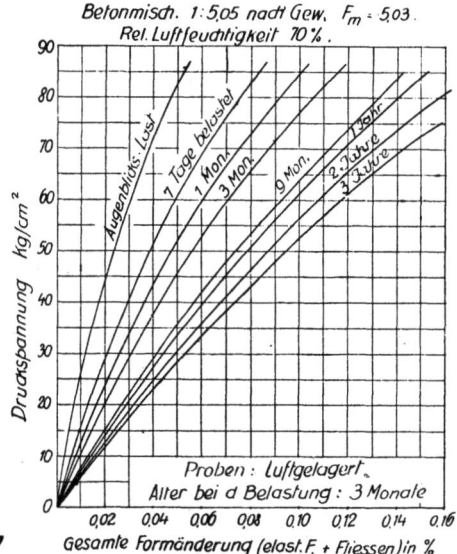

7

Das Fließen verläuft allgemein in den ersten Tagen am schnellsten, schreitet dann langsamer fort, kann sich aber namentlich bei mageren Mischungen und solchen von niederem Feinheitsmodul über Jahre hinaus fortsetzen.

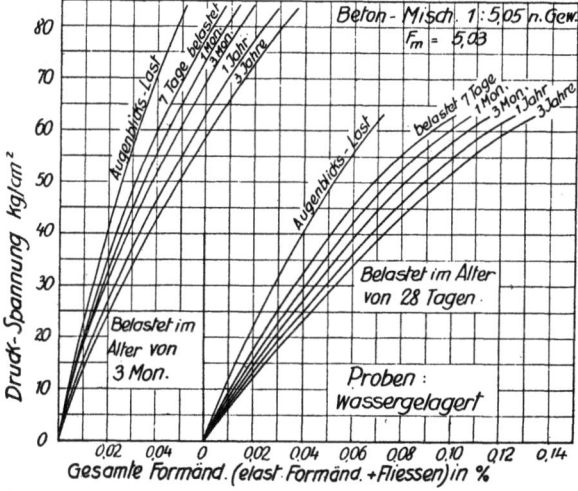

8

Bei jahrelanger Dauerlast kann das Fließmaß f des luftgelagerten Betons den dreifachen bis vierfachen Wert der elastischen Formänderung ε erreichen, während es bei Wasserlagerung im allgemeinen kleiner als ε bleibt.

Die Einflüsse auf das Fließen seien wie folgt zusammengefaßt:

1. Das Fließen von Beton ist in beträchtlichem Maße vom Betonmischungsverhältnis beeinflußt. Je magerer der Beton, um so größer das Fließen (Abbild. 1 und 2).
2. Das Fließmaß von Beton ist abhängig von den Feuchtigkeitsbedingungen der Umgebung. Es ist bei Wasserlagerung wesentlich kleiner als bei Luftlagerung und hier bei Luftlagerung wiederum um so kleiner, je höher die relative Luftfeuchtigkeit ist (Abbild. 3).
3. Fließmaß und Fließvorgang verändern sich stark mit wechselnder Kornzusammensetzung des Betonzuschlages. Je höher der Feinheitsmodul ist, also um so tiefer die Sieblinie des Zuschlages liegt, um so geringer ist das Fließen (Abbild. 1).
4. Das Fließen gestaltet sich je nach der mineralogischen Natur der Zuschlagstoffe wesentlich anders. Im Bereich der Davis'schen Versuchsbedingungen war das Fließmaß bei Beton aus Kalkstein weniger als halb so groß wie das Fließmaß bei Beton aus Sandsteinzuschlägen

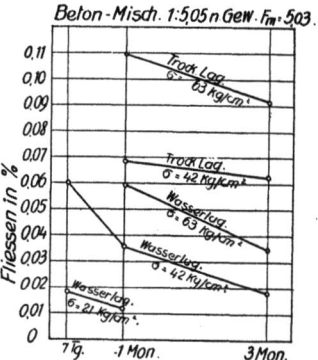

9

(Abbild. 4). Hierbei ist noch beachtenswert, daß der Einfluß des Gesteinsminerals auf das Fließen f anders ist als derjenige auf die augenblickliche Formänderung ε. Vergleiche die verschiedene Reihenfolge in Abbildung 4.

5. Das Fließmaß von Beton steht in Abhängigkeit von der Größe der Dauerspannung σ (Abbild. 5, 6, 7, 8). Je höher die Spannung, um so größer das Fließen. In Zusammenstellung Nr. 2 sind aus den Abbildungen einige zahlenmäßige Angaben über ε und f herausgezogen; ferner sind dort die Fließmaße je Spannungseinheit $\left(\dfrac{f}{\sigma}\right)$ errechnet worden, woraus hervorgeht, daß das Fließmaß f wenigstens bei Luftlagerung als ziemlich proportional der Spannungsgröße betrachtet werden darf.
6. Das Fließmaß ist von der Dauer der Lasteinwirkung abhängig (Abbildungen 5, 6, 7, 8).
7. Allgemein ist das Fließmaß um so größer, in je jüngerem Alter ein Beton der Dauerbelastung unterworfen wird (Abbildung 9).

Der Elastizitätsmodul $E = \dfrac{\sigma}{\varepsilon}$ gestattet keine sichere Voraussage der Größe des Fließmaßes. Zwar ist im allgemeinen das Fließmaß um so größer, je geringer der anfängliche E-Modul $\dfrac{\sigma}{\varepsilon}$ ist, jedoch ist dies selbst bei Luftlagerung nicht immer der Fall (vgl. auch unter Ziffer 4 oben) und namentlich bei der Prüfung unter Wasser durchbrochen.

Bezüglich der Folgen des Fließens für den Beton ist die beruhigende Feststellung zu machen, daß das Fließen unter Dauerlast mit einer, wenn auch geringen Erhöhung der Druckfestigkeit im Vergleich zum nichtvorbelasteten Beton verbunden ist. Ferner erhöht das Fließen nennenswert den E-Modul $\dfrac{\sigma}{\varepsilon}$; die σ—ε-Linie hat sich beim dauerbelasteten Beton gegenüber derjenigen beim unbelasteten Beton aufgerichtet und mehr der Geraden

Zusammenstellung Nr. 2

Einige Werte für die augenblickliche Formänderung ε, das Fließen f, das Fließen je Spannungseinheit $\left(\frac{f}{\sigma}\right)$ und den Widerstandsmodul bei Luftlagerung

Beton-Alter bei der Belastung	Dauer der Belastung	Spannung σ kg/cm²	ε %	f %	ε + f %	$E_g = \frac{\sigma}{\varepsilon + f}$ t/cm²	$\frac{f}{\sigma}$ 1·10⁻⁶
28 Tage	0	21	0,008	0	0,008	250	0
	1 Mon.	21		0,014	0,022	96	6,7
	1 Jahr	21		0,029	0,037	57	13,8
	3 Jahre	21		0,035	0,043	49	16,6
28 Tage	0	42	0,027	0	0,027	156	0
	1 Mon.	42		0,030	0,057	74	7,1
	1 Jahr	42		0,057	0,084	50	13,6
	3 Jahre	42		0,069	0,096	44	16,4
28 Tage	0	63	0,061	0	0,061	103	0
	1 Mon.	63		0,047	0,108	58	7,4
	1 Jahr	63		0,091	0,152	42	14,4
	3 Jahre	63		0,109	0,170	37	17,3
3 Mon.	0	21	0,007	0	0,007	300	0
	1 Mon.	21		0,010	0,017	123	4,8
	1 Jahr	21		0,023	0,030	70	11,0
	3 Jahre	21		0,029	0,036	58	13,8
3 Mon.	0	42	0,0185	0,0	0,018	225	0
	1 Mon.	42		0,020	0,039	108	4,8
	1 Jahr	42		0,045	0,064	66	10,7
	3 Jahre	42		0,059	0,078	54	14,1
3 Mon.	0	63	0,033	0	0,033	190	0
	1 Mon.	63		0,031	0,064	98	4,9
	1 Jahr	63		0,070	0,103	61	11,1
	3 Jahre	63		0,091	0,124	51	14,4

Aus vorstehender Tafel ausgezogene $\frac{f}{\sigma}$-Werte

Beton-Alter bei der Belastung	$\frac{f}{\sigma}$-Werte bei Belastungsdauer von			Nebenstehende $\frac{f}{\sigma}$ berechnet aus Spannung
	1 Monat	1 Jahr	3 Jahre	
28 Tage	6,7	13,8	16,6	21
	7,1	13,6	16,4	42
	7,4	14,4	17,3	63
	i. M. 7,1	i. M. 13,9	i. M. 16,8	
3 Monate	4,8	11,0	13,8	21
	4,8	10,7	14,1	42
	4,9	11,1	14,4	63
	i. M. 4,8	i. M. 10,9	i. M. 14,1	

angenähert, m. a. W. der E-Modul des „geflossenen Betons" nähert sich für alle Spannungen einem konstanten Wert. Selbstverständlich gilt dies nur innerhalb des Bereichs zulässiger Gebrauchsspannungen.

Aus der Fülle der Davis'schen Feststellungen seien noch diejenigen über die „Erholungen" und über das Fließen bei bewehrten Säulen herausgegriffen.

Dauerbelasteter Beton erholt sich nach der Entlastung wieder etwas. Das Maß dieser Erholung — von Davis plastische Erholung genannt — ist im Vergleich zum Fließmaß nur sehr klein (etwa $\frac{1}{10}$ des Fließmaßes); es ist seinem absoluten Werte nach wiederum viel kleiner bei Wasserlagerung als bei Luftlagerung. Ferner ist die Erholung in kurzer Zeit beendet. Im allgemeinen spielt sich 75 % des Erholungsmaßes bereits innerhalb eines Tages ab.

Eine Bewehrung von Beton verringert Schwindmaß wie Fließmaß. Beim Vergleich bewehrter und unbewehrter Eisenbetonsäulen ergab sich, daß das Verhältnis $\frac{\text{Fließen} + \text{Schwinden}}{\varepsilon}$ von $\frac{6}{1}$ bei den unbewehrten Säulen auf $\frac{4}{1}$ bei den bewehrten Säulen verringert worden war. Es handelte sich hierbei um spiralbewehrte Säulen (Längsbewehrung 2,98 %, bezogen auf Kernquerschnitt, Spiralbewehrung 1,33 %), welche im Alter von 60 Tagen einer Dauerdruckspannung von 56 kg/cm² während 18 Monaten unterworfen worden waren. Die Folge von Fließen plus Schwinden bei den bewehrten Säulen war eine Verringerung der Betonspannung auf weniger als die Hälfte der Anfangs-Spannung und eine Steigerung der Eisenspannung bis nahe an die Streckgrenze.

B. Untersuchungen von W. H. Glanville[3]). Fließen oder Kriechen von Beton unter Belastung.

Die Gesamtversuchsanordnungen bei diesen Untersuchungen waren denjenigen bei Davis ziemlich ähnlich. Auch hier waren Temperatur- und Feuchtigkeits-Bedingungen genau geregelt. Die Belastungen erfolgten wiederum mit Hilfe von Stahlfedern. Während aber Davis die Formänderungen durch einen von Zeit zu Zeit angelegten Dehnungsmesser

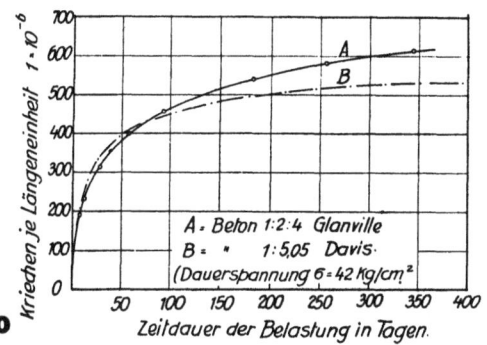

10

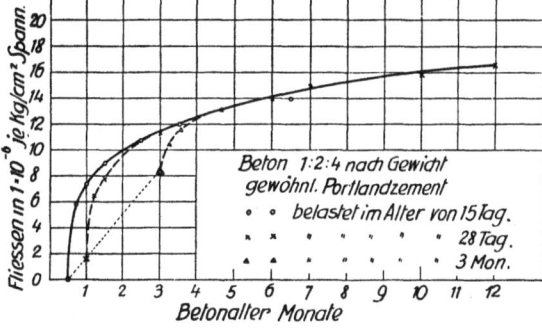

11

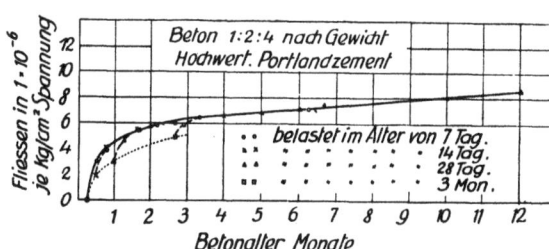

12

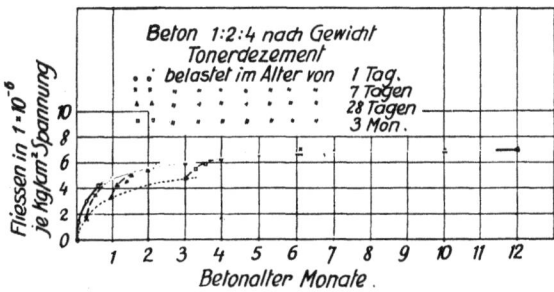

13

ermittelte, benützte Glanville dauernd an den Probekörpern sitzende Spiegeleinrichtungen, ein Verfahren, das wohl etwas genauer, aber auch wesentlich teurer sein dürfte. Einige der Hauptergebnisse sind in den Abbildungen Nr. 10 bis 14 in deutsche

[3]) W. H. Glanville. Studies in Reinforced Concrete. The Creep or Flow of Concrete under Load. Technical Paper 12.

Maße übertragen. Sie bestätigen die Ergebnisse von Davis nicht nur qualitativ, sondern bezüglich der Untersuchungen an Beton aus gewöhnlichem Portlandzement sogar quantitativ. Abbildung 10 zeigt zwei Vergleichskurven nach Davis und Glanville. Als neu bei Glanville ist die Berücksichtigung

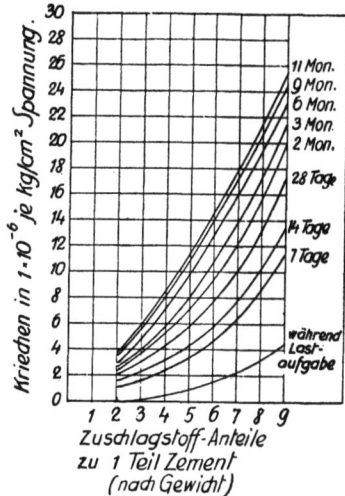

14

mehrerer Zementarten zu betrachten. Es wurden dort Betone aus gewöhnlichem Portlandzement, hochwertigem Portlandzement und Tonerdezement untersucht. Es ergab sich, daß das Fließen bei Luftlagerung um so niedriger ausfiel, je schneller der Zement erhärtete. Vgl. die Abbildungen Nr. 11, 12 und 13. Berechnet man wiederum das spezifische Fließen je Spannungseinheit $\left(\dfrac{f}{\sigma}\right)$, so ergeben sich für einen Beton 1:2:4, der vom 28. Tage an unter Dauerdrucklast gehalten wurde, die in Zusammenstellung Nr. 3 vereinigten Werte.

Zusammenstellung Nr. 3
Fließmasse bezogen auf die Spannungseinheit
(nach Glanville)

Beton 1:2:4 aus	Alter bei der Belastung	Dauer der Belastung	Fließen bei Luftlagerung je kg/cm² Spannung in $1 \cdot 10^{-6}$
Gewöhnl. Portlandzement	28 Tage	1 Mon.	7,6
		3 Mon.	10,8
		9 Mon.	14,0
		11 Mon.	14,6
Hochwertiger Portlandzement	28 Tage	1 Mon.	2,7
		3 Mon.	3,4
		9 Mon.	5,3
		11 Mon.	5,6
Tonerdezement	28 Tage	1 Mon.	2,6
		3 Mon.	2,7
		9 Mon.	3,6
		11 Mon.	3,6

Die Werte für das spezifische Fließen $\dfrac{f}{\sigma}$ bei Beton aus gewöhnlichem Portlandzement nach Glanville (Querspalte 1, Zusammenstellung Nr. 3) stimmen erstaunlich gut mit den entsprechenden Werten von Davis (Zusammenstellung Nr. 2) überein.

Wenigstens für Beton aus gewöhnlichem Portlandzement hat Glanville noch den Einfluß des Zementgehalts etwas genauer verfolgt und die in Abbildung Nr. 14 wiedergegebene Kurvenschar gefunden. Diese läßt erkennen, daß das Fließen mit der Erhöhung des Zementgehalts im Beton für alle Belastungszeiträume stark verringert wird.

Während Glanville das Davis'sche Ergebnis voll bestätigt, daß das Fließen des naßbelasteten Portlandzement-Betons beträchtlich niedriger ist als dasjenige des luftgelagerten Betons, fand er bemerkenswerterweise beim Tonerdezement-Beton den umgekehrten Vorgang. Da Tonerdezement-Beton anfänglich auch unter Wasser schwindet — eine Beobachtung, welche der Verfasser dieser Zusammenfassung bereits 1923 machte[4]), die damals lebhaft widersprochen, später aber wiederholt bestätigt wurde —, tritt hier die eingangs erwähnte Überlagerung des Fließvorgangs durch den Schwellvorgang zurück. Diese Feststellung muß zur Vermutung führen, daß der tatsächliche und genaue Einfluß der Wasserlagerung auf den Fließvorgang **erst bei ähnlich aufgezogenen Dauer-Zug-Versuchen zu klären sein wird**.

Im übrigen fand auch Glanville, daß eine feste Beziehung zwischen E-Modul $\frac{\sigma}{\varepsilon}$ und Fließen f nicht zu bestehen scheint, wenn auch im allgemeinen das Fließen um so größer ist, je kleiner der anfängliche E-Modul war.

Schließlich hat auch Glanville den Einfluß des Fließens von Beton bei Eisenbetonsäulen theoretisch und versuchsmäßig untersucht und nachgewiesen, daß infolge des Fließens die Eisenspannungen andauernd wachsen. Wegen der unterschiedlichen Fließmaße ist die endgültige Eisenspannung in bebewehrten Säulen, welche im Alter von 28 Tagen dauerbelastet werden, höher bei Säulen aus Portlandzement-Beton als bei Säulen aus hochwertigem Portlandzement-Beton, und bei den letzteren wiederum etwas höher als bei Säulen aus Tonerdezement-Beton. Im übrigen sind die Stahlspannungen wie ihr Anwachsen natürlich von der Größe des Bewehrungsprozentsatzes abhängig, wobei bei niederen Bewehrungsprozentsätzen die Streckgrenze des Stahls durchaus erreicht werden könne. Ferner wurde gezeigt, daß bei Eisenbetonsäulen selbst die Anwendung eines verringerten Modul $E = \frac{\sigma}{\varepsilon + f}$ nur Näherungswerte liefert. Die so errechneten Stahlspannungen bleiben um 20 % unter den durch Versuche ermittelten, wirklich vorhandenen Stahlspannungen zurück. Glanville hat zunächst für Eisenbetonsäulen genauere Formen entwickelt.

C. Einige sonstige Untersuchungen über das Fließen.

Über das Fließen bei Eisenbeton-Balken und -Platten liegen eine Reihe früherer amerikanischer bzw. englischer Untersuchungen vor, von denen wir wenigstens diejenigen von McMillan[5]), Goldbeck und Smith[6]) und von Faber[7]) nennen. Allerdings haben dort die einschneidenden Einflüsse der Temperatur- und Feuchtigkeitsbedingungen nicht immer die ihnen gebührende Beachtung bei den Versuchsanordnungen gefunden. Nicht übergehen können wir die bedeutsame Schlußfolgerung McMillan's, daß die Verhältniszahl $\frac{E_e}{E_b} = n$, welche zur Zeit der Lastaufgabe auf die Balken zwischen 9 und 15 lag, unter der Wirkung des Kriechens plus Schwindens in wenigen Monaten auf 20 bis 30 und im Verlauf von 2 Jahren Dauerlast auf 35 bis 60 anwachsen könne.

Aus der Gesamtheit der früheren amerikanischen Untersuchungen an bewehrten Platten und Balken hat Davis die folgenden allgemeinen Schlußfolgerungen gezogen:

„In den gewöhnlich bewehrten Balken und Platten führt die vereinigte Wirkung von Schwinden und Fließen zu einem allmählichen Sinken der Nullinie bei Querschnitten mit positivem Moment bzw. zu einem Anheben der Nullinie bei Querschnitten mit negativem Moment. Die Folge davon ist eine größere Durchbiegung, eine verringerte Druckspannung in der äußersten Betonfaser und eine Erhöhung der Zugspannung des Zugeisens. In durchlaufenden und eingespannten Balken und Platten findet unter dem Fließen eine allmähliche Neuverteilung der Momente statt in dem Sinne, daß sich die Momente mit verschiedenen Vorzeichen aneinander angleichen."

Mit dem Problem des Wachstums der Eisenspannungen in außermittig gedrückten Eisenbetongliedern hat sich, unter Stützung auf die Ergebnisse von Davis, neuerdings theoretisch auch Freudenthal[8]) befaßt.

Die sämtlichen bis heute durchgeführten Untersuchungen beziehen sich nur auf die Fließerscheinungen unter Dauer-Druck-Spannungen. Für diesen Fall sind recht eindeutige Ergebnisse erzielt worden, die sich zu vorläufigen Richtlinien für die Praxis auswerten lassen. Gerade für die so brennende Frage der Erhöhung der Rissesicherheit bei Betonkonstruktionen aber ergeben sich aus ihnen nur wenige Anhaltspunkte. Dazu ist die Durchführung ähnlicher Versuchsreihen bei Dauer-Zug-Beanspruchungen dringend notwendig. Erst damit wird sich das Bild für die verschiedenen praktischen Bedürfnisse völlig abrunden, wie auch, wie bereits weiter oben erwähnt, der Einfluß der Wasserlagerung auf den Fließvorgang ganz klären lassen. Es kann ja in diesem Zusammenhange nicht unerwähnt bleiben, daß die Wasserlagerung zwar den Druck-Elastizitäts-Modul erhöht, nicht aber den Zug-Elastizitäts-Modul. Nach den Versuchen des Verfassers in der mehrfach erwähnten Abhandlung[1]) wächst die Dehnungsfähigkeit des Betons bei Wasserlagerung, d. h. der Zug-E-Modul sinkt.

---

[4]) Der Bauingenieur 1924, Seite 112 ff.

[5]) Design of reinforced Concrete slabs. Trans. Am. Soc. C. E. Discussion by R. McMillan, Vol. 80, 1916, p. 1743 Shrinkage and Time Effects in Reinforced Concrete by F. R. McMillan, Univ. of Minnesotta, Studies in Eng. Bull. 3, 1925.

[6]) The Flow of Concrete under sustained Load by E. B. Smith, Proc. Am. Conc. Inst. Vol. 12, 1916 p. 317. Tests of large Reinforced Concrete Slabs, by A. T. Goldbeck and E. B. Smith, Proc. Am. Conc. Inst. Vol. 12, 1916, p. 324.

[7]) Plastic Yield, Shrinkage and other Problems and their Effect an Design, by O. Faber, Min. of Proc. Inst. C. E. (Great Britain) Vol. 225, 1927—28 Part I.

[8]) Freudenthal. Einfluß der Plastizität des Betons auf die Bemessung außermittig gedrückter Eisenbetonquerschnitte. Beton und Eisen 1935, Heft 21, S. 335 ff.

Rückblick und vorläufige Auswertung.

Die Gesamtheit der bisherigen Versuchsdaten überblickend, ist eindeutig festzustellen, daß das Fließen von Beton unter Dauerlast ein ungemein einschneidender Vorgang ist. Das große Ausmaß des Fließens macht den üblichen E-Modul völlig ungeeignet zur Erfassung von Dauerspannungen und wohl auch von sehr langsam einsetzenden Spannungen. Zu den Dauerspannungen sind diejenigen unter Eigengewichtslasten und toten Lasten zu rechnen, zu den sehr langsam einsetzenden Spannungen die Schwindspannungen und solche unter langsamen Temperaturwechseln. Zu den kurz erfolgenden Spannungen, für die allein der alte E-Modul seine Berechtigung hat, wären Spannungen unter Verkehrslasten und rasch einsetzenden Temperaturwechseln zu zählen.

Wegen der Fließvorgänge ist bei allen Dauerspannungen ein verringerter Modul anzusetzen, der sich aus Dauerspannung σ und Gesamtformänderung ergibt, welch letztere elastische Formänderung ε und Fließen f umspannt, also

$$E_g = \frac{\sigma}{\varepsilon + f}.$$

Davis nennt diesen Modul Dauer-Widerstandsmodul, Glanville den effektiven oder wirksamen E-Modul. Als vorläufige Anhaltspunkte für die Größe des Fließens f bzw. den Ausdruck $(\varepsilon$ plus $f)$ können die Zusammenstellungen 2 und 3 und die Abbildungen Nr. 6 bis 9 dienen. Insbesondere wäre der Widerstandsmodul auch bei der Berechnung von Schwindspannungen anzunehmen, für die der gewöhnliche Modul ganz bestimmt viel zu hohe Werte — wahrscheinlich mehr als doppelt zu hohe Werte — liefert[9]. Für das Wachstum der Stahlspannungen im Eisenbetonbauglied infolge des Betonkriechens gibt allerdings auch der Widerstandsmodul vorläufig nur Näherungswerte.

Der in DIN 1045, § 17, zur Berechnung der elastischen Formänderungen aller Tragwerke festgelegte E-Modul von 210 000 kg/cm² — der an sich für viele Betone als „Augenblicksmodul" gewiß nicht hoch ist — setzt zum mindesten für dauerbelastete Betone aus gewöhnlichem Portlandzement eine **viel zu hohe Steifigkeit** voraus. Denn nach Zusammenstellung Nr. 2 kann bei Betonen aus gewöhnlichem Portlandzement unter Dauer-Druckbelastung der wirksame Widerstandsmodul $\frac{\sigma}{\varepsilon + f}$ auf weniger als $\frac{1}{4}$ des Wertes von $\frac{\sigma}{\varepsilon}$ herabsinken, d. h. die Betonsteifigkeit wäre auf weniger als ein Viertel der Annahme in DIN 1045 herabgesunken. Bestenfalls bei Tonerdezementbeton scheint der in DIN 1045 vorgesehene Modul von 210 000 kg/cm² in der Nähe des wirksamen Dauer-Widerstandsmoduls zu liegen.

Für die Beurteilung der Erscheinung des Fließens in der Praxis des Eisenbeton- und Betonbaus ist aber allgemein zu beachten, daß das Fließen **seine zwei Seiten** hat, eine angenehme und eine unangenehme Seite. Angenehm kann es sein, wo es durch seine entspannende und entlastende Wirkung z. B. rißbildungsverringernd wirkt, unangenehm, wo es z. B. zu unerwarteten größeren Durchbiegungen oder Stützensenkungen führt. Und die Erkenntnisse über das Maß und die Voraussetzungen des Fließens sind erst richtig verwertet, wenn der Konstrukteur sich bemüht, die Betonzusammensetzung auf den gerade vorliegenden statischen Fall abzustimmen, d. h. sie im einen Falle auf starkes Kriechen, im anderen Falle auf tunlichste Unnachgiebigkeit oder Starrheit einzustellen. Und hierfür können aus den vorliegenden Versuchsdaten als praktische Winke die folgenden Richtlinien zusammengefaßt werden:

Bei Bauteilen, bei denen das Kriechen oder Fließen unerwünscht ist, das Fließmaß also auf ein Minimum beschränkt werden soll, ist für die Zusammensetzung des Betons und die Ingebrauchnahme des Bauteils wichtig:

1. Wahl eines hochwertigen oder höchstwertigen Zements an Stelle eines gewöhnlichen Zements,
2. Verwendung einer relativ hohen Zementmenge je m³ Beton,
3. Verwendung eines Betonzuschlages mit möglichst guter Kornzusammensetzung (Tieflage der Sieblinie, hoher Feinheitsmodul),
4. nach Möglichkeit Wahl eines Zuschlagsgesteins, welches das Fließen des Betons nicht begünstigt (Abbildung 4),
5. Wahl einer Betonquerschnittsfläche, so daß die Spannung σ tunlichst nieder bleibt,
6. möglichst langes Naßhalten des Betons,
7. tunlichst späte Belastung des Betons und Hinausschieben des Entschalens soweit als möglich.

Bei solchen Bauteilen jedoch, bei denen das Fließen nicht unwillkommen ist, wie z. B. bei großen, monolithischen Massen und Flächen, bei denen das Fließen durch seine spannungsvermindernde Wirkung die Risse-Neigung verringert, sollten möglichst nur langsam erhärtende Bindemittel zur Anwendung kommen. Auch sollte dort ein Zuschlagsgestein gewählt werden, welches das Fließen begünstigt. Und schließlich ist die Höhe der Zementdosis und des Feinheitsmoduls nicht zu übertreiben, sondern auf einen Kompromiß mit guten Festigkeiten abzustimmen. Und hierin liegt eine neue Bestätigung für die Richtigkeit der Entschließungen des VII. Internationalen Straßenbaukongresses, beim Straßenbau den gewöhnlichen Zementen den Vorzug vor den hoch- und höchstwertigen Bindemitteln zu geben, wie auch eine neue Stützung der Darlegungen des Verfassers in seiner Abhandlung „Beton für die Fahrbahndecken"[10], Abschnitt Bindemittel.

---

[9] Es scheint also wieder der Altmeister des Eisenbetons Koenen recht zu bekommen, der dies immer schon gefühlsmäßig behauptet hat, damals aber den Beweis für seine Behauptung nicht erbringen konnte.

[10] Die Betonstraße 1935, S. 107.

Einfluß ungleichförmig verteilter Spannungen auf die Festigkeit von Werkstoffen

Von Prof. Dr.-Ing. *W. Kuntze VDI*, Berlin
(Aus dem Staatlichen Materialprüfungsamt Berlin-Dahlem)

Die Erkenntnisse der Stoffmechanik reichen zwar schon Jahrzehnte zurück, aber erst heute beginnen sie, sich Eingang in die Konstruktionsberechnung zu verschaffen.

Während die elementare Werkstoffprüfung auf der Grundlage der gleichmäßig verteilten Anspannungen fußte, wird es eine der Aufgaben der Werkstoffmechanik sein, den Einfluß der ungleichmäßigen Spannungsverteilung auf die Werkstoffeigenschaften zu studieren. Wenn in den folgenden Ausführungen der Begriff der „Kerbe" im Vordergrund stehen wird, so soll er nicht etwa eine technologische Sonderheit kennzeichnen, sondern das allgemeine Sinnbild für den ungleichmäßigen Spannungszustand sein.

Festigkeitseigenschaften bei ungleichförmigen Spannungen

Abb. 1 zeigt ein ungleichmäßig verteiltes Spannungsfeld, wie es an Absetzungen, Nieten, Rillen, Bohrungen, kurz an Querschnittsübergängen entsteht. Die unterschiedliche Verteilung ist bei Drehkörpern immer mit einem dreiachsigen Spannungszustand verknüpft, nur platte Körper haben einen zweiachsigen Spannungszustand.

Den Einfluß eines unterschiedlichen Spannungsfeldes auf die Tragfähigkeit der Konstruktion kann man erstens als örtliches Problem erfassen (links in Abb. 1) und annehmen, daß allein die Kenntnis der Größe der Spitzenspannung und ihres räumlichen Zustandes genügen sollte, um die Haltbarkeit an der meistbeanspruchten Stelle und damit des ganzen Werkstückes zahlenmäßig festzulegen.

Die zweite Möglichkeit ist die rechts im Bild dargestellte summarische Erfassung der unterschiedlich verteilten Spannungen, also die Verwertung der Nennspannungen σ_n in den drei räumlichen Richtungen. Man berücksichtigt aber für die Festigkeitsbeurteilung nur die Richtungen der größten und kleinsten Spannungen, also die Längsrichtung und die Radialrichtung.

In beiden Fällen ist also zur Ermittlung der Tragfähigkeit die Kenntnis der räumlichen Festigkeit des Werkstoffes erforderlich. In Ermangelung einer eindeutigen Prüfmethode hierfür greift man in der Regel zu Hypothesen, die mit Ausnahme der Mohrschen Hypothese alle darauf fußen, daß ein bestimmter Spannungs- oder Verformungs- oder Energieausdruck stets konstant bleibe, und daß die Kräfteverhältnisse der Praxis auf diese konstanten Ausdrücke umzurechnen seien. Der Werkstoff spielt hierbei dann die Rolle einer Prüfkonstante.

Diese Hypothesen, die bei gleichmäßig verteilten Spannungen praktisch als brauchbar angesehen werden können, verlieren auf Grund neuerer Versuche ihre Gültigkeit für ein Körperteilchen bei ungleichmäßig verteilten Spannungen. Damit fällt fürs erste die Anwendbarkeit des örtlichen Problems zur Berechnung der Tragfähigkeit.

Setzt der Bruch zwar immer unter der Spannungsspitze ein, so ist damit nicht gesagt, daß die dort überwundene Festigkeit einer konstanten Werkstoffzahl entspricht. Die neuzeitliche Werkstoffmechanik hat erkannt, daß es eine

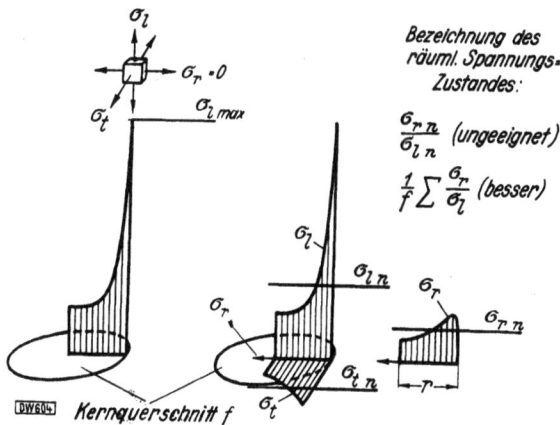

Abb. 1. Örtliches und summarisches Problem der Festigkeitsberechnung

Festigkeitskonstante nicht gibt, die etwa auf ein einzelnes Teilchen eines Gesamtkörpers anzuwenden wäre.

Auch bei der summarischen Auffassung des Problems und bei genauer Kenntnis des gesamten Spannungsfeldes gibt es noch keine klare Methode der Vorausberechnung der Festigkeit. Ob die Festigkeitshypothesen auf die Nennspannungen so anwendbar sind wie bei den gleichmäßig verteilten Spannungen, ist immer noch nicht erforscht. Aber das summarische Problem erlaubt, Erfahrungswerte zu sammeln, weil man ja die Nennspannung in der Hauptbeanspruchungsrichtung kennt. Man ist also in der Lage, ohne Kenntnis der Spannungsverteilung und räumlichen Anordnung die Festigkeit lediglich auf die geometrische Gestalt zu beziehen.

Die Untersuchung bestimmter Maschinenteile zwecks ihrer günstigsten Ausbildung ist zur besonderen Wissenschaft geworden (Darmstadt, Aachen, Fachausschuß VDI).

Aber einen Überblick über das eigentliche Verhalten des Werkstoffes gibt diese Arbeitsrichtung noch nicht. Der Werkstofffachmann geht daher planmäßig vor und benutzt Probenformen, die mehr ideal-geometrischen Charakter als maschinentechnischen haben, dafür aber einen weiten Überblick über den Bereich der Veränderungsmöglichkeiten geben, Abb. 2. Diese Proben sind in der Werkstoffprüfung allgemein üblich und wurden schon von *Barba* (1895), *Martens* (1901), in neuerer Zeit von *Ludwik, Schulz, Faulhaber, Buchholtz, Thum* und *Buchmann* und besonders auf dem Gebiet der Kohäsionsfestigkeit (*Kuntze*) verwendet. An den drei Gestaltelementen: Kerbtiefe, Kerbschärfe und Kerbwinkel lassen sich alle möglichen Kerbeinflüsse zur Wirkung bringen. Einen Übergang zu den Formen des Maschinenbaues bilden die von *Lehr* vorgeschlagenen Probenformen, Abb. 3.

Wir wollen nun einen Überblick darüber gewinnen, wie sich der Werkstoff bei unterschiedlichen Spannungsfeldern verhält. Zur Kennzeichnung der Spannungsüberhöhung pflegt man die Formziffer $\alpha_k = \frac{\sigma_{max}}{\sigma_n}$ zu wählen, d. i. die Angabe der Spitzenspannung σ_{max} im Vielfachen der Nennspannung σ_n, Abb. 4. Betrachten wir daraufhin einmal den Verlauf der Streckgrenze bei gekerbten Flach- und Rundstäben, so sehen wir in Abb. 5, daß die Rundstäbe infolge der allseitig angreifenden Seitenkräfte, welche die Querzusammenziehung und damit die Verformung behindern, einen höheren Widerstand aufweisen als die Flachstäbe, bei denen bei nur zweiseitiger Einkerbung der Werkstoff quer zur Richtung der Seitenkräfte abgleiten kann.

Aber auch der Flachstab zeigt eine beträchtlich höhere Festigkeit an der Streckgrenze, als zu erwarten ist. Würde nämlich an der Spannungsspitze immer nur der Widerstand zu überwinden sein, welcher der Streckgrenze des vollen Prüfstabes entspricht, so dürfte die Streckgrenze des gekerbten Flachstabes immer nur den reziproken Betrag der Formziffer erreichen, also sehr klein bleiben (gestrichelte Linie in Abb. 5). Die erhöhte Streckgrenze ist auf eine Stützungswirkung durch die weniger beanspruchten Querschnittsteile zurückzuführen.

Aus der Formziffer ist indessen nicht eindeutig auf die Streckgrenze zu schließen. Immerhin geht aus dem Schaubild klar hervor, daß nicht nur mehrachsige Spannungen den örtlichen Widerstand des Werkstoffes zu erhöhen vermögen, sondern schon die ungleichmäßige Spannungsverteilung an sich.

Zwischen Formziffer, Verteilung, räumlichen Spannungen und gemessener elastischer Querdehnung bestehen festliegende Beziehungen, auf welche hier wegen des Umfanges ihrer Betrachtungen nicht näher eingegangen werden soll. Sie erlauben einen gewissen Einblick in die Spannungszustände bei rotationssymmetrischen Körpern.

Die Untersuchungen zur Ermittlung der räumlichen Spannungszustände wurden mit dem in Abb. 6 dargestellten Querdehnungsmesser durchgeführt, dessen Übersetzungsverhältnis auf das 60 fache der Martensschen Spiegel gesteigert wurde und daher bis zu 1:15 000 beträgt[1]. Damit war es möglich, den dreiachsigen Spannungszustand annäherungsweise zu ermitteln; ebenso die Festigkeitseigenschaften in Abhängigkeit hiervon.

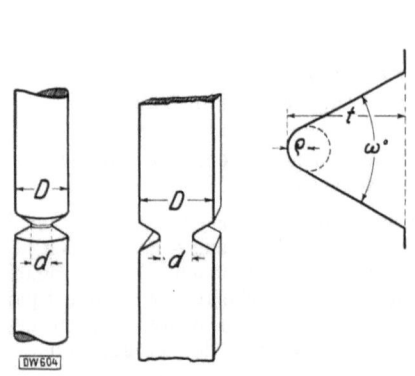
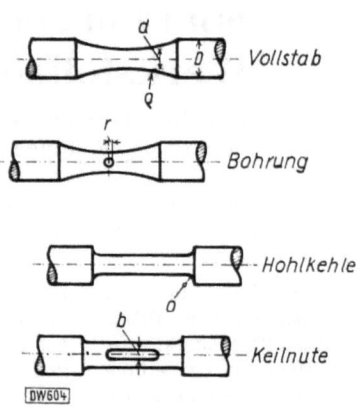
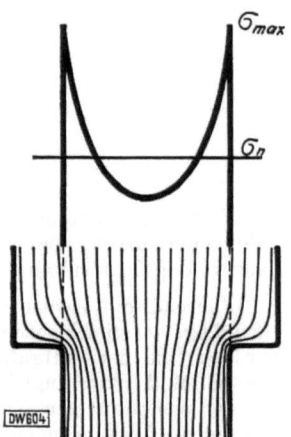

Abb. 2. Rund- und Flachstab mit Einkerbung.
Kerbtiefe $t = \frac{D-d}{2}$; Kerbschärfe $= \frac{d}{\varrho}$;
Kerbwinkel $= \omega$

Abb. 3. Prüfstäbe für Dauerversuche nach *Lehr*

Abb. 4. Spannungsverteilung und Spannungstrajektorien.
Formziffer $= \frac{\sigma_{max}}{\sigma_n}$

Dabei ist die Richtung der größten und kleinsten Spannungen — das sind die Längs- und Radialspannungen —

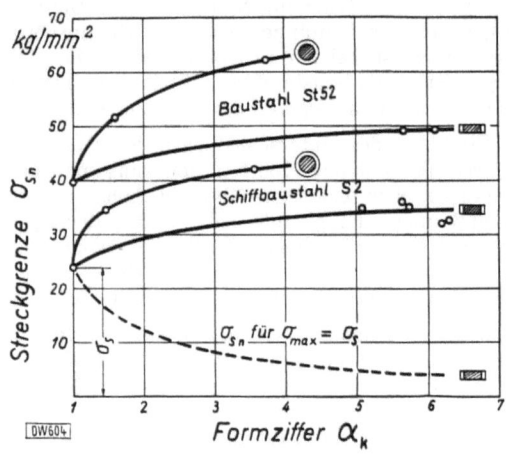

Abb. 5. Streckgrenze bei allseitiger und zweiseitiger Einkerbung (Rund- und Flachstab)

maßgebend, wohingegen die Tangentialspannungen erfahrungsgemäß vernachlässigt werden können. Infolgedessen bildet die Summe der Quotienten $\frac{\sigma_r}{\sigma_l}$ einen natürlichen Maßstab für den räumlichen Zustand, Abb. 7.

---

[1] A. *Krisch*, Apparatur zur Messung der Querdehnung, besonders in Kerben, Die Meßtechnik 10 (1934) S. 129.

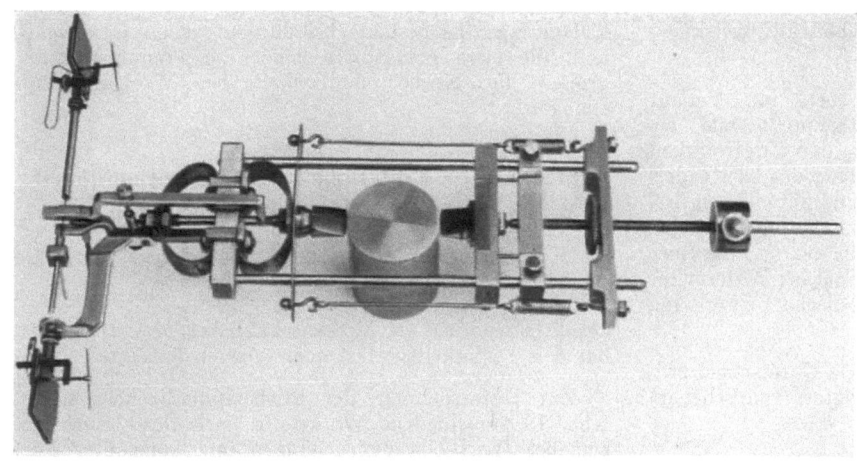
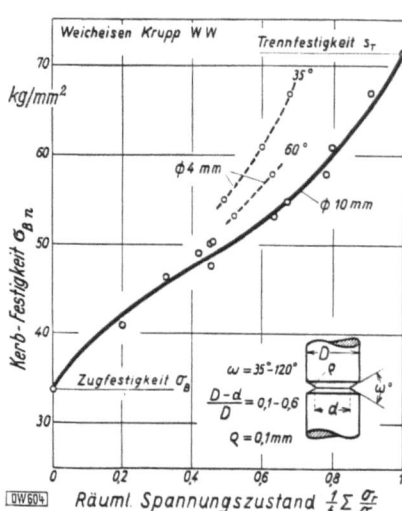

Abb. 6. Querdehnungsmesser für gekerbte Prüfstäbe

Abb. 7 (oben rechts). Festigkeit bei räumlichen Spannungen (Werkstoff von der Friedrich-Alfred-Hütte zur Verfügung gestellt)

Ein Höchstmaß der allseitigen räumlichen Zugwirkung wird erreicht, wenn diese Summe gleich 1 ist. Ein Gleiten ist dann ausgeschlossen, weil die Schubkomponenten sich aufheben. Der auf diesen Grenzfall extrapolierte Festigkeitswert entspricht der Trennfestigkeit des Werkstoffes.

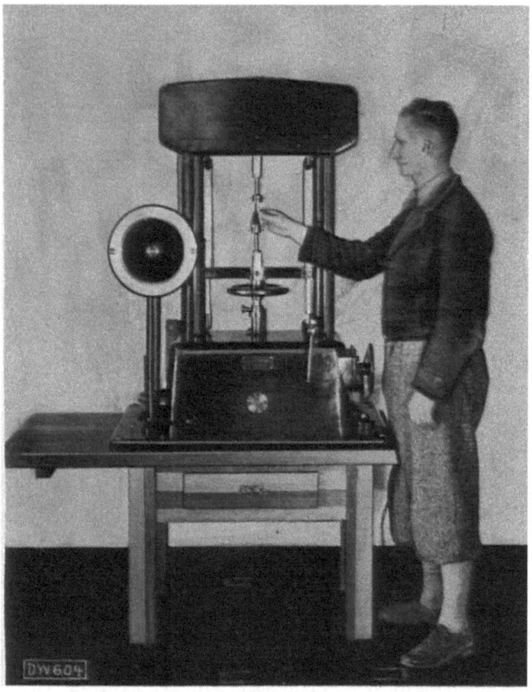

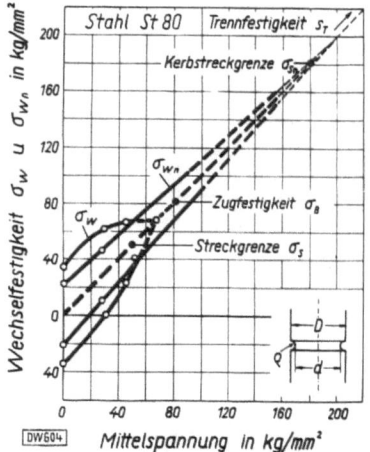

Abb. 8. Schopper-Zugfestigkeitsprüfmaschine für Trennfestigkeitsprüfungen. Höchstlast 2000 kg

Sie gibt an, wie hoch man bei einer künstlichen Behinderung der Verformung die Festigkeit steigern kann, bevor der Werkstoff durch Trennungsbruch reißt [2]).

Auch hier üben Probengröße und -geometrie einen zusätzlichen Einfluß aus, welcher ein Streugebiet erzeugt. Diese Frage ist noch nicht geklärt.

Für die Kerbzugversuche mit kleinen Proben stand das von *Schopper* gebaute Spezialmaschinchen für die Trennfestigkeitsprüfung mit einer Höchstlast von 2 t zur Verfügung, Abb. 8.

Die Forschungen über den Wert der Trennfestigkeitsprüfung für die Werkstoffbeurteilung sind noch nicht abgeschlossen. Aber ihre Bedeutung für den Maschinenkonstrukteur fällt sofort in die Augen, wenn man das übliche Wechselfestigkeitsschaubild eines gekerbten Stabes betrachtet, Abb. 9. Bei größeren Vorspannungen hängt die Höhe der Wechselfestigkeit von der statischen Kerbfestigkeit ab, die ja ihrerseits eine Funktion der Trennfestigkeit ist.

An Hand gekerbter Rundstäbe kann man sehen, wie sich die verschiedenen Werkstoffkennziffern zueinander

Abb. 9. Wechselfestigkeitsschaubilder des Kerb- und Vollstabes (nach *Buchmann*[6]))

verhalten. Zum Vergleich der verschiedenen Kennziffern sollen die Werte der eingekerbten Proben immer als Vielfaches oder als Bruchteil des Vollstabwertes ausgedrückt werden, Abb. 10.

Die größte Abnahme erleidet die Proportionalitätsgrenze, die größte Zunahme die natürliche Streckgrenze. Die Ursache für dieses so unerwartet unterschiedliche Gebaren dieser beiden benachbarten Gütewerte liegt in strukturellen Vorgängen: Kleinste disperse Lockerungen im Bereich der meistbeanspruchten Stelle vermögen die P-Grenze erheblich zu erniedrigen und sich bei Wechselbeanspruchungen zum Dauerbruch auszuwirken, wie das

---

[2]) W. *Kuntze*, Kohäsionsfestigkeit, Berlin 1932. Julius Springer, und Mitt. dtsch. Mat.-Prüf.-Anst. Sonderheft 20.

aus der ebenfalls abfallenden Wechselfestigkeitskurve σ_{Wn}/σ_W hervorgeht.

Die Gefügelockerungen werden aber im Verlauf zügiger Verformung wieder zusammengepreßt und zusammengeschweißt, so daß Streckgrenze und Zugfestigkeit keine Erniedrigung erleiden. Die Erhöhung des Gleitwiderstandes infolge der unterschiedlichen und räumlichen Beanspruchung kommt daher bei ihnen unvermindert zum Ausdruck. Die relative Überhöhung an der Streckgrenze ist etwas größer als an der Höchstlast, weil bei letzterer die Schärfe der Kerbe durch die starke plastische Verformung gemildert wird.

Sehr deutlich wird der soeben gezeigte Unterschied zwischen Proportionalitäts- und ausgeprägter (natürlicher)

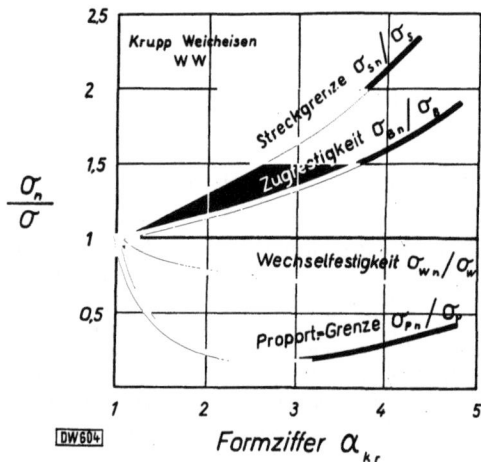

Abb. 10. Relative Kerbfestigkeit bei verschiedenen Güteziffern bezogen auf die entsprechenden Werte des Vollstabes (Werkstoff von der Friedrich-Alfred-Hütte zur Verfügung gestellt)

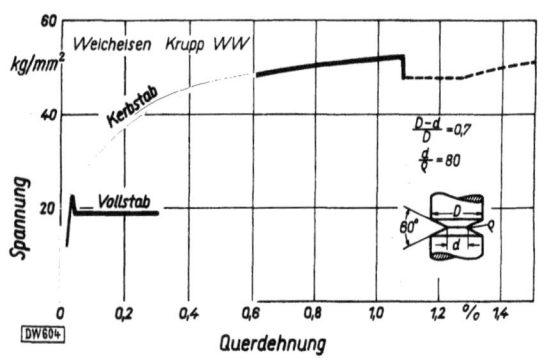

Abb. 11. Ausgeprägte Streckgrenze am Voll- und Kerbstab. Spannungsdehnungskurven, aufgenommen durch Querdehnungsmessungen (Werkstoff aus Friedrich-Alfred-Hütte)

Streckgrenze an einem Spannungs-Dehnungsschaubild, welches die örtlichen Verhältnisse im Kernquerschnitt darstellt, also durch Messung der Querdehnung am gekerbten Querschnitt gewonnen werden konnte, Abb. 11.

Der Unterschied zwischen der statischen Kerbfestigkeitserhöhung und der Kerbwechselfestigkeitsabnahme ist jedoch nicht bei allen Werkstoffen so groß, wie er in Abb. 10 dargestellt wurde, Abb. 12. Bei gegossenen Werkstoffen ist sowohl die Abnahme der Kerbwechselfestigkeit als auch die Zunahme der statischen Kerbfestigkeit gering. Es besteht aber durchaus keine Gesetzmäßigkeit, die etwa besagt: Je höher die Trennfestigkeit, je größer die Kerbempfindlichkeit bei Wechselbeanspruchungen.

Strukturelle Erklärung der Kerbempfindlichkeit

Der Quotient $\frac{\sigma_{sn}}{\sigma_s}$ oder $\frac{\sigma_{Wn}}{\sigma_W}$ bildet einen Maßstab für die Kerbsicherheit. *Thum* nennt den reziproken Quotienten $\frac{\sigma_W}{\sigma_{Wn}} = \beta_k$ die Kerbwirkungszahl [3]). Der erstere, umgekehrte Quotient ist hier anschaulicher, weil er unmittelbar den Festigkeitsverlust oder -gewinn anzeigt.

Zur Untersuchung der Kerbempfindlichkeit sind in Abb. 13 verschiedene Werkstoffe nach ihrer Kerbsicherheit bei Wechselbeanspruchungen und konstanter Formziffer aufgetragen, und zwar auf der linken Bildseite in Beziehung zur Ermüdungssicherheit des ungekerbten Stabes und auf der rechten Bildseite in Beziehung zur Bruchdehnung δ_{10}. Eine Gesetzmäßigkeit ist nicht zu entdecken. An Hand von Abb. 13 können wir feststellen, daß die Werkstoffe sich hinsichtlich ihrer Kerbsicherheit bei Wechselbeanspruchungen sehr verschieden verhalten

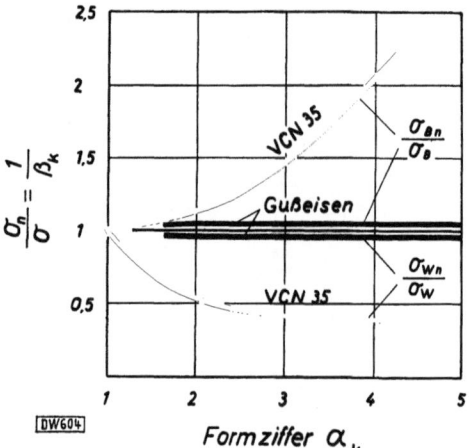

Abb. 12. Relative Kerbzugfestigkeit und Kerbwechselfestigkeit verschiedenartiger Werkstoffe, bezogen auf die Zugfestigkeit und Wechselfestigkeit des Vollstabes

und daß der Begriff Kerbsicherheit oder umgekehrt Kerbempfindlichkeit bei Dauerwechselbeanspruchungen weder eine Funktion der Ermüdung noch der Plastizität ist.

Es besteht die weitverbreitete aber offenbar irrige Annahme, daß die Werkstoffe in sehr verschiedenem Maße befähigt seien, mit Hilfe ihrer Plastizität die Spannungsspitze abzubauen. Abb. 13 zeigt, daß die höchste Kerbsicherheit ebensogut bei geringster wie bei größter Bruchdehnung vorkommt. Mit dieser Tatsache fällt aber ohne weiteres die Alleingültigkeit der Hypothese vom plastischen Abbau der Spitzenspannungen; denn nach ihr müßten die Werkstoffe mit größter Plastizität den stärksten Spitzenabbau und damit die höchste Kerbsicherheit aufweisen. Das ist aber durchaus nicht der Fall.

Im Grundzuge stellt sich der Unterschied zwischen elastischer und plastischer Verformung nach Abb. 14 dar. In Richtung der wirksamen Schubkräfte tritt bei der plastischen Verformung ein Umklappen innerhalb einer Materialschicht ein [4]). Man vergleiche an Abb. 15, wie gut sich dieses Schema am Werkstoff Holz verwirklichen läßt.

---
[3]) *A. Thum* und *W. Buchmann*, Dauerfestigkeit und Konstruktion, Mitt. der M.P.A. Darmstadt, H. 1, Berlin 1932, VDI-Verlag.
[4]) Vgl. *W. Kuntze*, Über innere Mechanik der Metalle, Z. f. Metallkde. Bd. 26 (1934) S. 106.

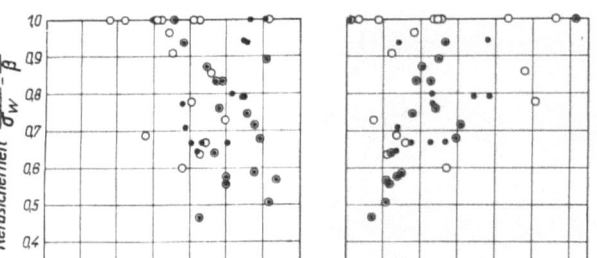

Abb. 13. Kerbsicherheit (reziproke Kerbwirkungszahl) verschiedener Werkstoffe in Abhängigkeit von Ermüdungssicherheit und Bruchdehnung bei gleicher Kerbform (Formziffer)

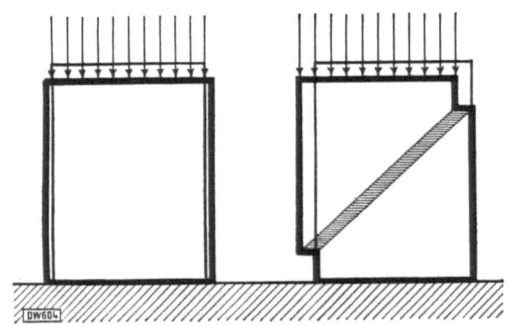

Abb. 14. Schema der elastischen und plastischen Verformung

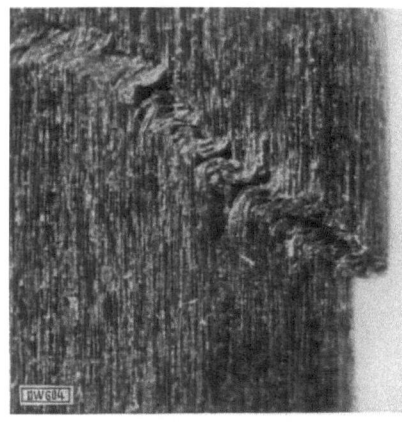

Abb. 15. Verwirklichung des plastischen Verformungsschemas nach Abb. 14 an einem gedrückten Holzwürfel. Vergr. 15fach; Wiedergabe davon $^{1}/_{1}$

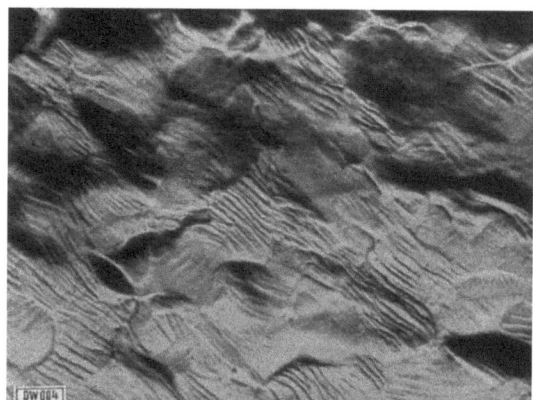

Abb. 16. Gleichrichtung der Kristalle innerhalb einer Fließschicht von Stahl. Aufsicht nach *Nadai*. Vergr. 70fach; Wiedergabe davon $^{1}/_{1}$

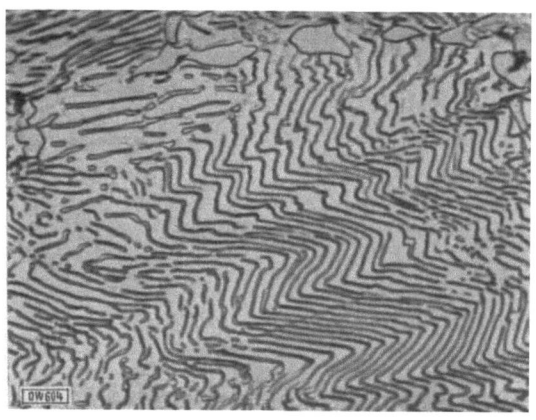

Abb. 17. Mikroskopische Verwirklichung des plastischen Verformungsschemas an gestreiftem Perlit. Vergr. 1500fach; Wiedergabe davon $^{1}/_{1}$ (nach *Hanemann-Schrader*, Atlas Metallographicus)

Innerhalb dieser Umklappschicht tritt eine Gleichrichtung der Verformung ein, die in der Oberflächenbetrachtung einer Fließlinie von Flußstahl deutlich zum Ausdruck kommt, Abb. 16.

Zwei Bilderbeispiele erläutern diese Erscheinung, ein mikroskopisches, Abb. 17, welches die Verformung des streifigen Perlits nach gleichem Muster zeigt, und ein makroskopisches, Abb. 18, welches einen gedrückten Stahlkörper darstellt, bei welchem durch Ätzen die Verformungsstruktur hervortritt.

Dieser Verformungsmechanismus läßt sich für alle plastischen Werkstoffe nachweisen, selbst für Gesteine, die unter mehrseitigem Druck stehen. Betrachten wir also die Allgemeingültigkeit dieses Mechanismus als gesichert, so können wir mit Abb. 19 weiter verfolgen, wie eine ungleichmäßige Spannungsverteilung auf diesen Mechanismus wirken wird. Zunächst kommt man zu der notwendigen Folgerung, daß eine Verformung mit Hilfe dieses Mechanismus gar nicht örtlich begrenzt auftreten kann, daß die Fließschichten durch den gesamten Querschnitt durchschießen müssen; denn das Umklappen einer Faser ist an das gleichzeitige Umklappen der übrigen Fasern gebunden, wenn nicht ein Einreißen oder eine Lückenbildung hinzukommen soll. Der kinetische und energetische Verformungsablauf tritt ohne Rücksicht auf die statische Verteilung der Spannungen ein. Ist dann jeweils eine Gleitschichtenbildung beendet, so ist auch das unterschiedliche Spannungsfeld wieder unverändert vorhanden und die Spitze ist keineswegs abgebaut.

Im Gegenteil, jetzt muß an der Spitze eine Überfestigkeit und im Spannungstal eine Unterfestigkeit vorhanden sein, wenn ein mittlerer Werkstoffwiderstand wirksam sein soll, Abb. 20, wie dies *Eiselin* vor 11 Jahren am Lochstab experimentell nachgewiesen hat [5]).

Die Abbauhypothese steht im Widerspruch zum experimentellen Befund und eine im Bereich der Spitzenspannung örtlich begrenzte Gleitschicht kann nach Abb. 19

---
[5]) O. *Eiselin*, Untersuchungen am einfach gelochten Zugstab, Der Bauingenieur Bd. 5 (1934) S. 247/52 und 281/83.

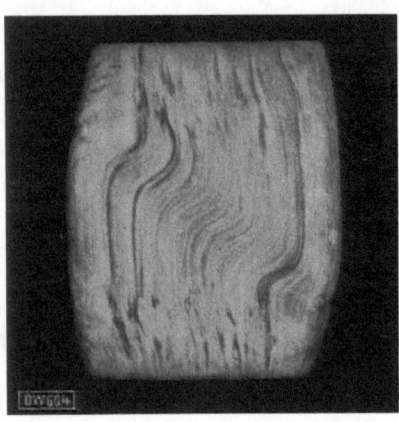

Abb. 18. Makroskopische Verwirklichung des plastischen Verformungsschemas an einem Stahlwürfel. Die Probe wurde vor dem Drücken schräg gekerbt, um eine bevorzugte Gleitschicht zu erzwingen. Nat. Gr.

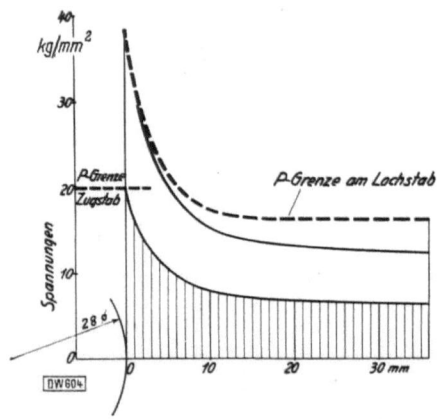

Abb. 20. Spannungsverlauf und Verlauf der P-Grenze im engsten Querschnitt eines Lochstabes. (Auswertung der Versuche von *Eiselin*)[5]

Die von der P-Grenze des Vollstabes abweichenden P-Grenzwerte des Lochstabes zeigen einen angenäherten Verlauf wie die Spannungsverteilung. Daraus ist auf ein spontanes Auftreten der ersten Plastizität im ganzen Querschnitt nach Abb. 14 und 19 zu schließen

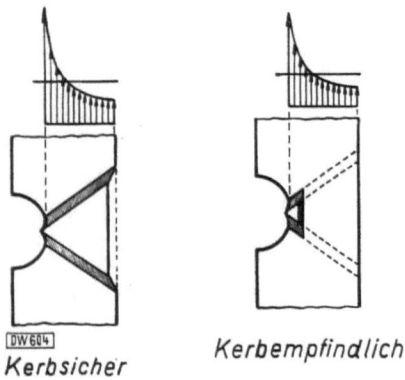

Abb. 19. Schema der Kerbempfindlichkeit

nur dann auftreten, wenn dort gleichzeitig eine Lockerung des Gefüges auftritt. Dies kommt bei Werkstoffen vor, deren innere Kohäsion gering ist; dann reißen unter der Wirkung der Spitzenspannung die Gefügeteile auseinander und das Durchschießen der Gleitschichten wird aufgehalten.

Es läßt sich also folgender wichtige Grundsatz aufstellen: Eine örtlich begrenzte Deformation kann nur bei gleichzeitig wirksamem Gefügereißen und Gefügegleiten stattfinden. Reines Gleiten oder reines Reißen durchsetzt den gesamten beanspruchten Querschnitt.

Auch das Zusammenwirken von innerem Gleiten und Reißen läßt sich am Holzmodell gut zur Darstellung bringen, Abb. 21 bis 23. Selbst eine Ziegelmauer verformte sich nach gleichem Muster, Abb. 24.

Der Begriff Kerbsicherheit besteht also nicht darin, daß der Werkstoff fähig ist, infolge seiner Plastizität die Spannungsspitze abzubauen, sondern daß er unter hohen Spannungsspitzen einen örtlich höheren Gleitwiderstand erträgt, ohne zu reißen. Kerbempfindlich sind daher Werkstoffe mit relativ geringer innerer Kohäsion. Besitzen Werkstoffe eine so geringe innere Kohäsion, daß sie schon im nichtgekerbten Zustand spröde brechen, so rufen ungleichförmige Spannungsfelder ebenso wie bei den rein plastischen Werkstoffen keine Festigkeitsunterschiede hervor, d. h. sie sind scheinbar kerbunempfindlich. Aber nicht auf der Grundlage ihrer Güte; der Reißwiderstand liegt bei ihnen weit unter dem Gleitwiderstand.

Es folgt also aus der Erkenntnis des Verformungsmechanismus bei ungleichförmigen Spannungen, daß für

Abb. 21. Vergr. 10 fach; Wiedergabe davon ¹/₁

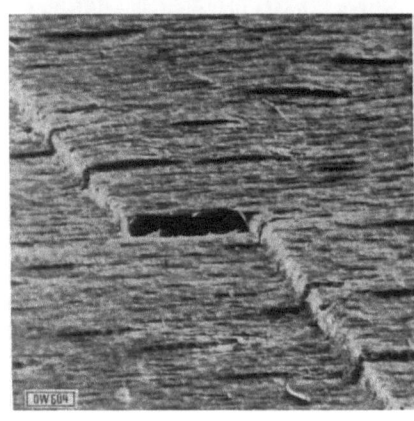

Abb. 22. Vergr. 5 fach; Wiedergabe davon ¹/₁

Abb. 21 und 22. Unterbrechung von Gleitschichten durch einen Riß, verwirklicht an gedrückten Holzwürfeln

die Kerbempfindlichkeit zum Teil die innere Kohäsion maßgebend ist. Anderenteils wird aber die Kerbsicherheit sehr stark vom Verlauf der Gleitschichten beeinflußt, welche den Weg des geringsten mittleren Schubwiderstandes suchen. Auf den Verlauf der Gleitschichten hat daher die Spannungsverteilung oder Formziffer nicht allein maßgebenden Einfluß. Der Weg des geringsten mittleren Widerstandes ist in erster Linie durch die Geometrie be-

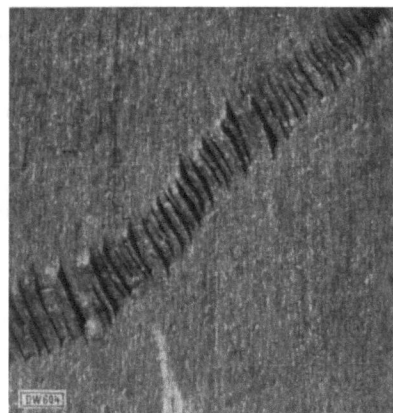

Abb. 23. Entstehung von Rissen zwischen den Gleitlamellen während des Umklappens. Gedrückter Holzwürfel. Vergr. 5fach; Wiedergabe davon ¹/₁

vorhanden, während ein solcher Einfluß auf die Formziffer bisher nicht angenommen wurde.

Die Formziffer erweist sich mithin nicht als eindeutiger Begriff zur Kennzeichnung der Festigkeitsbedingungen. Einer einzigen Formziffer können bei gleichem Werkstoff viele Kerbwirkungszahlen $\beta_k = \dfrac{\sigma_W}{\sigma_{Wn}}$ und damit viele Festigkeitszahlen zugeordnet sein[6]). Da die Kerbwirkungszahl außerdem für jede Formziffer eine andere ist, so hat sie als Zahl keinerlei werkstofftechnische Bedeutung. Sie hat auch keine Bedeutung für ein bestimmtes Maschinenelement, wenn bei diesem verschiedene Werkstoffe verwendet werden. Sie ist gar keine Kerbwirkungszahl, da man mit ihrer Hilfe ja gar nicht die Wirkung einer beliebigen Kerbe vorausberechnen kann. β_k ist weiter nichts als eine relative Festigkeitszahl, die in jedem Fall prüfmäßig ermittelt werden muß. Es gibt bislang noch keine Methode, diese auf Grund der Wechselfestigkeit des vollen Prüfstabes voraussagen zu können.

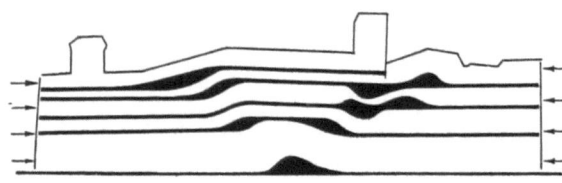

Abb. 24. Verformung einer Ziegelmauer durch Bodenbewegungen nach gleichem Muster wie Abb. 23 (nach *W. Schwarz*)

Aus *E. Seidl*, Bruch- und Fließformen der technischen Mechanik und ihre Anwendung auf Geologie und Bergbau, Bd. V: Krümmungsformen, Berlin 1934, VDI-Verlag

dingt, die der Konstrukteur in der Hand hat. Der Spannungszustand ist auch eine Folge der Geometrie, aber kein alleiniger und eindeutiger Maßstab für den Widerstand des Stoffes.

Einfluß der Gestaltsgeometrie und der Körpergröße

Im folgenden sollen die Wirkungen der Gestaltsgeometrie auf Spannungsfeld und Wechselfestigkeit einander gegenübergestellt werden.

Der größeren Klarheit halber sollen bei diesen Betrachtungen überlagerte statische Vorspannungen beiseitegelassen werden. Wir betrachten also die reine Wechselfestigkeit an gekerbten Proben. Abb. 25 zeigt eine räumliche Gegenüberstellung von Kerbwechselfestigkeit und Formziffer in Abhängigkeit von Kerbschärfe und Kerbtiefe bei gleichem Durchmesser.

Die Schaubilder fallen zwar ähnlich aus, und doch wird die Kerbwechselfestigkeit nicht eindeutig durch die Formziffer bestimmt. Abrundungsschärfe und Kerbtiefe wirken gemäß Abb. 26 schon stark auf die Wechselfestigkeit, wenn beide noch gering sind, auf die Formziffer erst dann, wenn sie groß geworden sind. Außerdem ist noch ein Einfluß der absoluten Größe auf die Kerbwechselfestigkeit

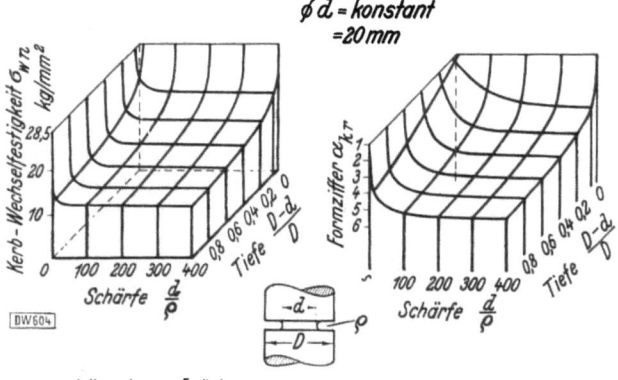

Abb. 25. Einfluß der Gestalt auf Wechselfestigkeit und Formziffer bei konstantem Tragquerschnitt

Eine rein geometrische Betrachtung dagegen schließt alles in sich: Verteilung, räumlichen Zustand und Kerb-

---

[6]) *W. Buchmann*, Die Kerbempfindlichkeit der Werkstoffe, Forschg. Ing.-Wes. Bd. 5 (1934) S. 36/48.

wirkung. Hierzu wurden die Dauerversuche von *Faulhaber*[7]) so ausgewertet, daß immer eines von den Gestaltungselementen veränderlich angenommen wurde, während die übrigen proportional bzw. konstant gehalten wurden. In Abb. 27 sind für einen Werkstoff die Versuchspunkte eingetragen und Kurven hindurchgelegt. Sie geben eine Anschauung von der Wirkung der Kerbtiefe $\frac{D-d}{D}$ als veränderliche Größe. Die Wirkung der Kerbtiefe ist zuerst stark, dann läßt sie fast vollständig nach. Ob im übrigen der Abfall der Wechselfestigkeit auf die Zunahme des Durchmessers d oder der Abrundungsschärfe d/ϱ zurückzuführen ist, kann in dieser Darstellung noch nicht entschieden werden.

In Abb. 28 wurde daher die Abrundungsschärfe d/ϱ als Veränderliche gewählt. Die Kerbwechselfestigkeit fällt zuerst sehr stark herab, um nachher unempfindlich gegenüber den schärfsten Kerben zu bleiben. Die praktische Bedeutung dieser Eigenschaft liegt auf der Hand. Z. B. ist man in der Lage, den Einfluß von Oberflächenrissen, ganz gleich welcher Schärfe sie sind, auf die Wechselfestigkeit vorauszusagen, falls man ihre Tiefe abschätzen kann. Auch für die Konstruktion dürfte diese Anschauungsweise von Bedeutung sein.

Da in diesem Bild die drei Gestaltwerte Tiefe, Schärfe und absolute Größe auseinandergehalten wurden, ist auch der Einfluß der Durchmessergröße eindeutig zu entnehmen. In Abb. 29 ist die Durchmessergröße als Veränderliche gewählt worden. Der Größeneinfluß tritt allmählicher ein und ist in seinem Fortschreiten wahrscheinlich unbegrenzt.

Das Gesetz von den proportionalen Widerständen ähnlicher Körper verschiedener Größe trifft mithin für die Wechselfestigkeit nicht zu.

Das Bestreben, den Einfluß der geometrischen Form noch weiter zu verfolgen, führte nun zur Gegenüberstellung aller derjenigen Kerbformen, mit denen man die gleiche Wechselfestigkeit erzielt. Eine solche Betrachtung führt zu einem Raumbild mit schalenförmigen Flächen, deren jede nur Werte gleicher Kerbwechselfestigkeit enthält, Abb. 30.

Zerschneidet man jetzt dieses Raumbild in zur Bildebene parallele Schnitte, also parallel zu $d/\varrho \perp d$-Ebene, so sind sämtliche Schnittkurven aller Schalen geometrisch ähnlich.

Wenn bisher nachgewiesen wurde, daß das Proportionalitätsgesetz für die Wechselfestigkeit gekerbter Körper nicht gilt, so verbleibt hiermit doch ein Rest eines Proportionalitätsgesetzes, welches besagt: Reihen von Körpern verschiedener Gestaltung, die alle die gleiche Wechselfestigkeit bei gleichem Werkstoff besitzen, behalten untereinander gleiche Wechselfestigkeit — wenn auch von anderer Größe — wenn man sie proportional vergrößert.

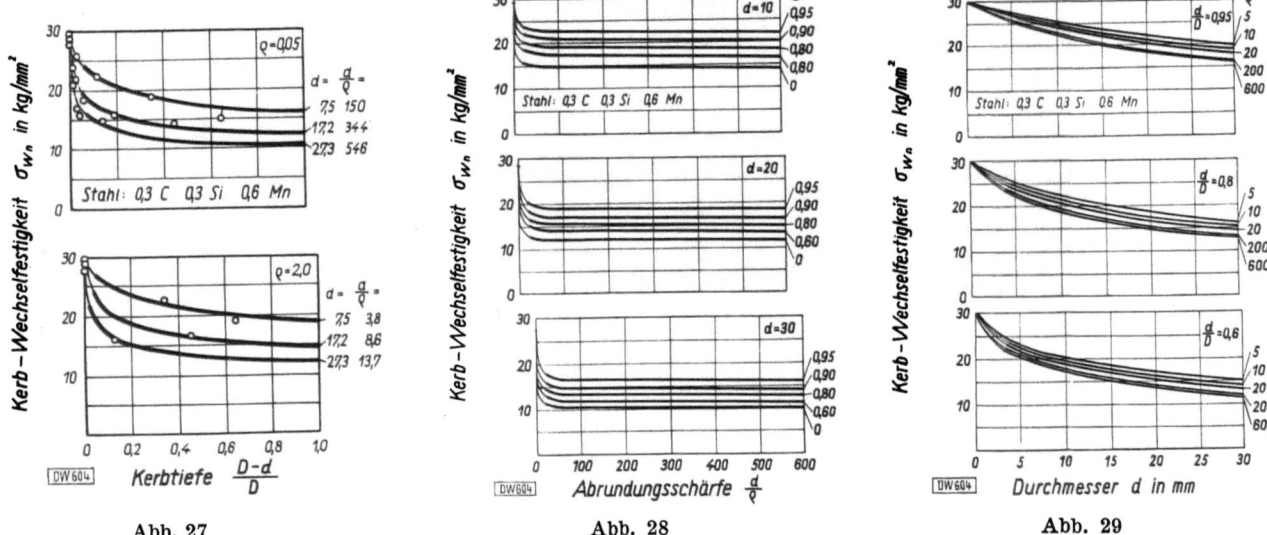

Abb. 27 — Abb. 28 — Abb. 29
Kerbwechselfestigkeit in Abhängigkeit von Größe und Gestalt der Probe (Auswertung der Versuche von *Faulhaber*)[7])

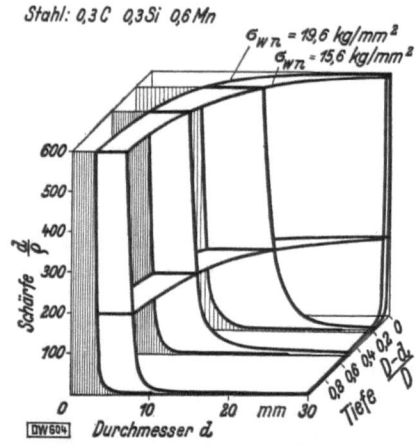

Abb. 30. Raumschalen gleicher Wechselfestigkeit, ermittelt aus Schnitten parallel der Abszisse in Abb. 29

---
[7]) R. *Faulhaber*, Über den Einfluß des Probestabdurchmessers auf die Biegeschwingungsfestigkeit von Stahl, Mitt. Forsch.-Inst. Ver. Stahlwerke A.-G. Bd. 3 (1933) Liefg. 6.

Ein solcher Schnitt durch mehrere Schalen ist in Abb. 31 zu sehen.

Die Proportionalität ist dadurch gekennzeichnet, daß die Abszissenabstände der Kurven bei allen Ordinatenwerten d/ϱ proportional, in diesem Falle gleich bleiben und das gilt für alle Kerbtiefen untereinander. Jede einzelne Kurve enthält Gestaltsformen gleicher Wechselfestigkeit.

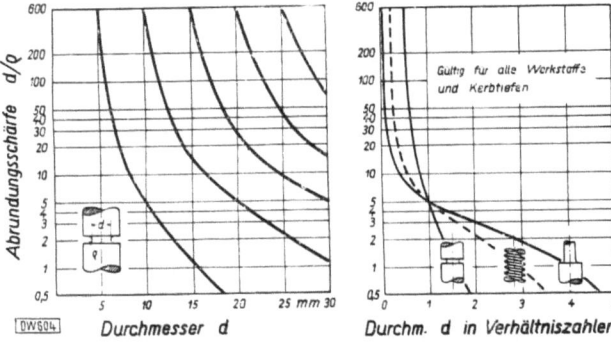

Abb. 31. (links) Kurven gleicher Wechselfestigkeit erzeugt mittels eines Schnittes parallel der Bildebene durch den Raumkörper in Abb. 30. Werden durch verschiedene d/ϱ-Werte waagerechte Geraden gelegt, so verhalten sich die auf einer solchen Geraden durch die Kurven abgeschnittenen Strecken wie diejenigen auf den übrigen Geraden
(rechts) Ersatz der Kurven links durch eine einzige Kurve für einige Gestaltstypen

Die Wechselfestigkeit der verschiedenen Kurven ist jedoch nicht einander gleich.

Nachgewiesen wurde diese Gesetzmäßigkeit an sechs Stählen, die von *Faulhaber* geprüft wurden. Ferner wurde sie nachgewiesen für eine ganz andere Probenform, die Hohlkehle nach den Versuchen von *Lehr* und *Mailänder*[8]). Für Werkstoffe mit ungleichmäßig über den Querschnitt verteilten Festigkeitseigenschaften z. B. nitrierten Stahl gilt sie erklärlicherweise nicht.

Was könnte dieses Gesetz dem Konstrukteur bieten? Dieser wäre in der Lage, die Festigkeit eines großen Konstruktionskörpers aus der Prüfung eines zugeordneten kleineren zu ermitteln. Ferner wäre er in der Lage, zwecks Beibehaltung einer geforderten Festigkeit, die notwendigen Gestaltsverbesserungen vorzunehmen. Bei weiterer Durcharbeitung und Nachprüfung dieser Beziehungen könnten Konstruktionsblätter entstehen, die mit nur verhältnismäßig wenigen Prüfwerten der wichtigsten Werkstoffe versehen, einen weiten Überblick über die Tragfähigkeit gewähren.

Rechts in Abb. 31 ist der Versuch unternommen worden, einige Konstruktionselemente nach diesem Gesetz zu behandeln. Außer der von *Faulhaber* geprüften Rille ist die Hohlkehle nach *Lehr* und *Mailänder* ausgewertet worden. Die mittlere Kurve für die Schraube ist erfahrungsgemäß eingezeichnet worden. Für jedes Konstruktionselement ist wegen der nachgewiesenen Proportionalität nur

---

[8]) E. Lehr und R. Mailänder, Einfluß von Hohlkehlen an abgesetzten Wellen auf die Biegewechselfestigkeit, Z. VDI Bd. 79 (1935) S. 1005; Ber. Werkstoff-Aussch. V. dtsch. Eisenhüttenl. Nr. 453.

noch eine einzige Kurve erforderlich, wenn man die Durchmessergröße nicht in Absolut-, sondern in Verhältniszahlen angibt. Die Umrechnung läßt sich dann für verschiedene Größen d und Tiefenwerte $(D-d)/D$ vornehmen.

Zum Abschluß seien in Abb. 32 einige Anwendungen für die Rille, Hohlkehle und Schraube im letzten Bild durchgeführt, in welchen mit Zunahme des Durchmessers die erforderlichen Abrundungen stark eingezeichnet sind, wenn die Wechselfestigkeit konstant gehalten werden soll. Die gestrichelten Linien geben dagegen die proportionale Vergrößerung wieder.

Zusammenfassung

Wenn man den Einfluß ungleichförmiger Spannungen auf die Festigkeit untersucht, so kommt man zu dem Ergebnis, daß der Anteil von Kohäsions- und Gleitwirkungen den Erscheinungen das Gepräge gibt. Hat eine Spannungsspitze eine bleibende örtliche Wirkung (Verformung oder Bruch) ausgeübt, so ist daran die Überwindung der Gefügekohäsion nachhaltig beteiligt gewesen. Je weniger die innere Kohäsionsüberwindung am Gleitvorgang Anteil nimmt, je weniger wird eine Spannungsspitze wirksam.

Die Vorstellung von einer auf eine Flächeneinheit wirkenden Spannung, wie sie in der Festigkeitslehre üblich ist, wird beim reinen Gleitvorgang hinfällig, weil die Gleitung energetischer Natur ist und sich auf ein wirksames Volumen bezieht. Die ungleichförmige Spannungsverteilung wird also bei kohäsionsfesten Werkstoffen mehr oder weniger unwirksam (Kerbunempfindlichkeit).

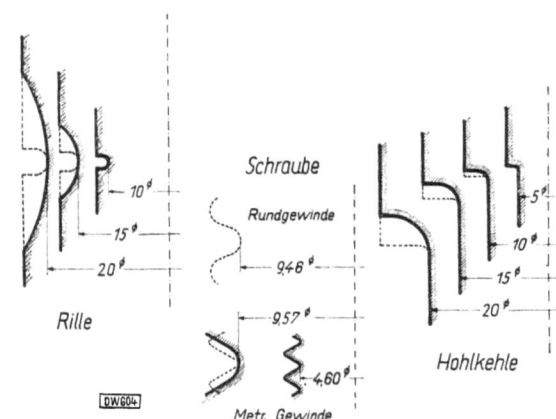

Abb. 32. Gestaltungen gleicher spezifischer Wechselfestigkeit bei verschiedenen Durchmessergrößen, ermittelt aus Abb. 31 (rechts)

Da das verformte Volumen sich aus Gleit- oder Umklappschichten zusammensetzt, die bei kerbunempfindlichen (kohäsionsfesten) Werkstoffen ungeachtet der Ungleichförmigkeit der Spannungen durch den ganzen Körper hindurchschießen, so ist für deren Verlauf und die aufzuwendende Energie die Gestaltung des beanspruchten Körpers maßgebend. Es ist daher eine dringliche Zukunftsaufgabe, den Einfluß der Gestalt auf die Festigkeit planmäßig zu untersuchen.

VDI-Verlag GmbH, Berlin NW 7 — Triasdruck GmbH, Berlin SW 19

Unterausschuß für Dauerprüfung
Sitzung vom 9. Oktober 1936

Gruppe **E**
Nr. 564

Gesetzmäßige Abhängigkeit der Biegewechselfestigkeit von Probengröße und Kerbform.

Von Wilhelm Kuntze und Wladimir Lubimoff in Berlin.

[Mitteilung aus dem Staatlichen Materialprüfungsamt in Berlin-Dahlem[1]).]

Bericht Nr. 363 des Werkstoffausschusses des Vereins deutscher Eisenhüttenleute.

(Herausarbeitung des Einflusses der Kerbtiefe, der Kerbschärfe und des Probendurchmessers auf die Biegewechselfestigkeit unter Anwendung bezogener Abmessungswerte. Gleichbleibendes Verhältnis von Wechselfestigkeitswerten zueinander bei verhältnisgleicher Größenänderung der Probenformen. Hinweis auf die Verwertbarkeit der Gesetzmäßigkeiten für Berechnung und Ausführung von Bauteilen.)

Entgegen den Annahmen der klassischen Werkstoffprüfung, daß die Gültigkeit des Gesetzes von den „proportionalen Widerständen" bei Körpern verschiedener Größe, aber verhältnisgleicher Gestaltung auf die gesamte Festigkeitslehre zu übertragen sei, ist man heute anderer Ansicht geworden. Früher ging man von den Prüferfahrungen aus, die bei gleichmäßig verteilter Beanspruchung — an glatten Prüfstäben — erlangt wurden, und übertrug sie auf die Fälle mit ungleichmäßig verteilter Beanspruchung, indem man stillschweigend die Tragfähigkeit eines Körpers als erschöpft annahm, wenn an der meistbeanspruchten Stelle die Prüffestigkeit des glatten Stabes erreicht wird. Ein Einfluß der Größe des beanspruchten Körpers auf die spezifische Festigkeit wird durch eine solche Gedankenfolge ausgeschaltet.

Dieser Ueberlegung stehen aber neuere Untersuchungsergebnisse gegenüber, die unter Berücksichtigung des elastischen Spannungsfeldes ausgewertet wurden. Die im Werkstoff örtlich auftretenden Spannungen, die an der meistbeanspruchten Stelle zur Ueberwindung seiner Festigkeit erforderlich sind, erwiesen sich je nach den Umständen als veränderlich. Von einer bestimmten Werkstoffestigkeit, die für das Körperteilchen in Rechnung zu setzen ist, kann auf Grund dieser Ergebnisse nicht mehr die Rede sein. Zwar ist zur Rettung des älteren Standpunktes eine Lehre entwickelt worden, die besagt, daß die prüfmäßige Festigkeit erhalten bleibt, die Spannungsunterschiede jedoch während der Beanspruchung mehr oder weniger abgebaut werden. In neuester Zeit häufen sich indessen unter dem Eindruck sich mehrender Versuchsergebnisse die Meinungen, welche auf die Veränderlichkeit der stofflichen Festigkeit bei ungleichmäßiger Spannungsverteilung das Hauptgewicht legen und den Spannungsabbau für die Erklärung der Erscheinung als weniger bedeutungsvoll ansehen[2]). Für die Veränderlichkeit der stofflichen Festigkeit als Folge eines ungleichmäßigen Spannungsfeldes, hervorgerufen durch die unebene Gestaltung, hat sich der Begriff „Gestaltfestigkeit" eingebürgert, der einer Anregung W. v. Moellendorffs im Staatlichen Materialprüfungsamt[3]) entsprang und weitere Verbreitung im Schrifttum gefunden hat[4]). Nun ist die Gestaltfestigkeit, von K. Kutzbach auch „Formfestigkeit" benannt, untrennbar mit dem Einfluß der Größe des beanspruchten Körpers verknüpft. Der Größeneinfluß bei gekerbten Proben wurde für die zügige Beanspruchung von W. Kuntze[5]), für die Biegeschwingungsfestigkeit von R. Faulhaber, H. Buchholtz und E. H. Schulz erstmalig untersucht[6]). R. Mailänder überprüfte dann im selben Sinne die Drehschwingungsfestigkeit[7]) und E. Lehr und R. Mailänder dehnten später die Untersuchungen auf die abgesetzte Welle bei Biegeschwingungsbeanspruchungen aus[8]). Diese Versuchsreihen sind an Planmäßigkeit noch nicht überboten worden und eignen sich daher für noch eingehendere Auswertungen.

Unbeschadet der Deutungen, die E. H. Schulz und sein Mitarbeiter der Frage des Größeneinflusses bei der Kerbwechselfestigkeit mit dem Ringmoment gegeben haben, soll hier vom Standpunkt der Gestaltsgeometrie eine Umarbeitung und Einordnung der Wechselversuchsergebnisse nach bezogenen Werten erfolgen, womit die Anschaulichkeit vermehrt und die Herausarbeitung allgemein anwendbarer Grundsätze möglich erscheint. Ist D der Durchmesser des Vollstabes in mm, d der Kerndurchmesser der gekerbten Probe in mm und ϱ der Abrundshalbmesser im Kerbgrund in mm, so soll als bezogener Wert für die Kerbschärfe der Ausdruck d/ϱ und für die Tiefe $(D-d)/D$ gewählt werden. An Stelle der bezogenen Tiefe kann auch der bezogene Kerndurchmesser d/D genommen werden. Es ist dann $d/D = 1-(D-d)/D$. Die Probengröße werde durch den Kerndurchmesser d ausgedrückt.

In *Abb. 1 und 2* sind die Wechselfestigkeitswerte in Abhängigkeit von der Kerbtiefe und der Probengröße für einen der von R. Faulhaber untersuchten Werkstoffe eingetragen worden. Wenn auch die eingezeichneten Verbindungskurven nicht reichlich genug mit Versuchspunkten belegt erscheinen, so kann deren Verlauf doch als genügend gesichert angesehen werden, da bei den sechs verschiedenen Werkstoffen sich völlige Uebereinstimmung im Kurvenverlauf ergab. Auch ergab der Verlauf der verschiedenartigen, in den folgenden Abbildungen gezeichneten Schnitte keine Widersprüche zum Verlauf der Ausgangskurven. Von den sechs untersuchten Stählen seien der Raumersparnis halber nur noch die Ergebnisse für Stahl VCN 15 in *Abb. 3* in den Ausgangskurven dargestellt, um

---

[1]) Durchgeführt im Rahmen der wertschaffenden Arbeitslosenfürsorge unter Mitwirkung von Dipl.-Ing. W. Kopp und cand. ing. H. Fischer.
[2]) W. Kuntze: Stahlbau 8 (1935) S. 9/14; Maschinenelemente-Tagung Aachen (Berlin: VDI-Verlag 1936); J. Fritsche: Stahlbau 9 (1936) S. 65/68; K. Klöppel: Stahlbau 9 (1936) S. 97/112.
[3]) Erörterung zu W. Kuntze: Arch. Eisenhüttenwes. 2 (1928/29) S. 116 (Werkstoffaussch. 129).
[4]) W. Kuntze: Kohäsionsfestigkeit (Berlin: J. Springer 1932); Mitt. dtsch. Mat.-Prüf.-Anst. Sonderheft Nr. 20 (1932) S. 5/62; A. Thum und W. Buchmann: Dauerfestigkeit und Konstruktion (Berlin: VDI-Verlag 1932), vgl. Stahl u. Eisen 52 (1932) S. 977/78; A. Thum und W. Bautz: Stahl u. Eisen 55 (1935) S. 1025/29; Schweiz. Bauztg. 106 (1935) S. 25/30.
[5]) Z. Physik 74 (1932) S. 45/65; Kohäsionsfestigkeit (Berlin: J. Springer 1932); Mitt. dtsch. Mat.-Prüf.-Anst. Sonderheft Nr. 20 (1932) S. 5/62.
[6]) Stahl u. Eisen 53 (1933) S. 1106/08 (Werkstoffaussch. 235); R. Faulhaber: Mitt. Forsch.-Inst. Verein. Stahlwerke, Dortmund, 3 (1933) S. 153/72.
[7]) Techn. Mitt. Krupp 2 (1934) S. 143/52.
[8]) Arch. Eisenhüttenwes. 9 (1935/36) S. 31/35 (Werkstoffaussch. 307); Z. VDI 79 (1935) S. 1005/11.

die gleiche Art des Kurvenverlaufes trotz großer Festigkeitsunterschiede zu bestätigen. Die weiteren Ausführungen sollen nur am Stahl mit 0,3 % C, 0,3 % Si und 0,6 % Mn erklärt werden. Auch die Ergebnisse für die übrigen fünf Werkstoffe wurden darauf geprüft, ob sie sich den gegebenen Entwicklungen und Schlußfolgerungen anpassen.

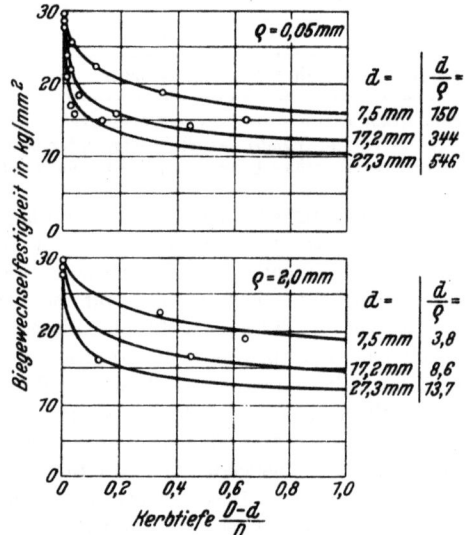

Abbildung 1 und 2. Biegewechselfestigkeit in Abhängigkeit von der bezogenen Kerbtiefe $\frac{D-d}{D}$ bei verschiedenem Kerndurchmesser und verschiedener Abrundungsschärfe bei einem Stahl mit 0,3 % C, 0,3 % Si und 0,6 % Mn (nach Ergebnissen von R. Faulhaber).

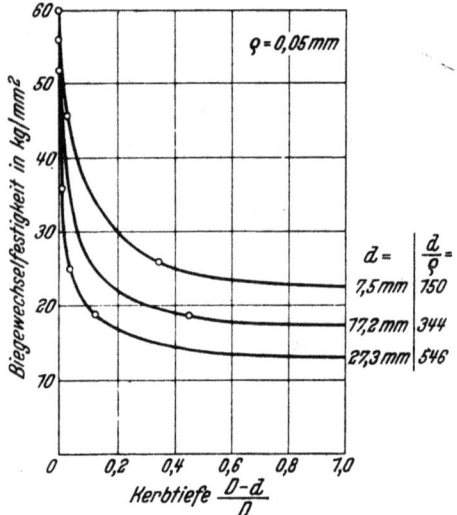

Abbildung 3. Biegewechselfestigkeit in Abhängigkeit von der bezogenen Kerbtiefe bei verschiedenem Kerndurchmesser und verschiedener Abrundungsschärfe beim vergüteten Stahl VCN 15 (nach Ergebnissen von R. Faulhaber).

Denkt man sich in *Abb. 1 und 2* in Richtung der Ordinate durch bestimmte Abszissenpunkte Schnitte gelegt, so ergeben sich die in *Abb. 4 und 5* gezeichneten Kurven. In diesen kommt ρ noch als absolute Größe vor. Da aber bei gleichbleibendem ρ jedem d oder jedem ρ bei gleichbleibendem d ein anderes Verhältnis d/ρ entspricht, so wurden mit Hilfe der verschiedenen d/ρ-Werte die in *Abb. 6 bis 8* gegebenen Umzeichnungen ermöglicht. Aus dieser neuen Darstellung geht hervor, daß die kleinen bezogenen Kerbtiefen schon den Hauptanteil an der Verminderung der Wechselfestigkeit tragen, während größere Tiefen keine weitere Wirkung ergeben.

Der scheinbar nur geringe Unterschied der Wechselfestigkeit, der selbst bei großen Veränderungen von d/ρ hervorgerufen wird, kann mit Hilfe von *Abb. 9 bis 11* erklärt werden, die durch einfache Umzeichnung erhalten wurden. Hier zeigt sich, daß die stärkste Abnahme der Wechselfestigkeit schon bei geringen Kerbschärfen (d/ρ = 0 bis d/ρ = 5) erzielt wird, während schärfere Kerben (d/ρ = 5 bis d/ρ = 600) keine weitere nennenswerte Abnahme zur Folge haben. Die Bedeutung dieses Ergebnisses ist recht groß. Das Abfallgebiet liegt gerade im Bereich

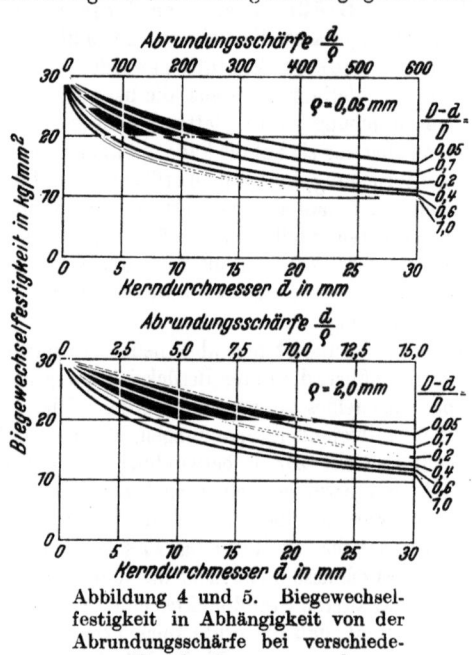

Abbildung 4 und 5. Biegewechselfestigkeit in Abhängigkeit von der Abrundungsschärfe bei verschiedenem Kerndurchmesser und verschiedenen bezogenen Kerbtiefen bei einem Stahl mit 0,3 % C, 0,3 % Si und 0,6 % Mn (Hilfszeichnungen entwickelt aus Abb. 1 und 2).

der Formgebung der Maschinenelemente und Bauteile. Diese Tatsache beweist, daß die Untersuchung der weniger scharfen Kerbabrundungen für diesen Zweck sehr wichtig ist. Kommt zu einer Kerbung von d/ρ > 5 eine sehr scharfe Kerbung hinzu, so wird, wenn die Kerbtiefe damit nicht wesentlich verändert wird, die Wirkung nicht weiter vermehrt. Körper mit d/ρ < 5 sind dagegen sehr empfindlich gegenüber kleinen Rissen, die in der Oberfläche häufig vorkommen. Umgekehrt sind Werkstoffe mit Oberflächenrissen mehr oder weniger unempfindlich gegenüber sich aus der Gestaltung ergebenden Einkerbungen. Ein Beispiel hierfür gibt auch der Werkstoff Gußeisen, bei dem die innere Kerbwirkung, hervorgerufen durch die sehr scharfen Graphitadern, nicht durch hinzukommende äußere Kerbung vermehrt werden kann. Die Wirkungen lassen sich mithin nicht ohne weiteres summieren.

Der Größeneinfluß zeigt sich in den *Abb. 6 bis 8* sowie *9 bis 11* in den gegebenen drei Abstufungen von 10, 20 und 30 mm Dmr. Bei vollkommen verhältnisgleicher Formgebung hat demnach die größere Probe die geringere Wechselfestigkeit. Diese Wirkung kann aus den Darstellungen von Faulhaber noch nicht ohne weiteres entnommen werden, da ja die größere Probe bei gleichbleibendem ϱ mit einem größeren d/ϱ auch die verhältnismäßig schärfere Einkerbung hat, welche für die Festigkeitsminderung mit verantwortlich gemacht werden kann. Erst die bezogenen Werte ergeben eine klare Herausarbeitung des Größeneinflusses. In *Abb. 12 bis 14* ist die Probengröße d in der Abszisse aufgetragen worden. Im Gegensatz zum begrenzten Einfluß der Kerbtiefe und Schärfe geht die Wirkung der Probengröße auf die Wechselfestigkeit unaufhörlich weiter. Hiermit erklärt sich, daß große Bauteile bei einer rechnungsmäßigen Biegewechselbeanspruchung von nur 6 kg/mm² zu Bruch gingen. Anderseits geht aus der

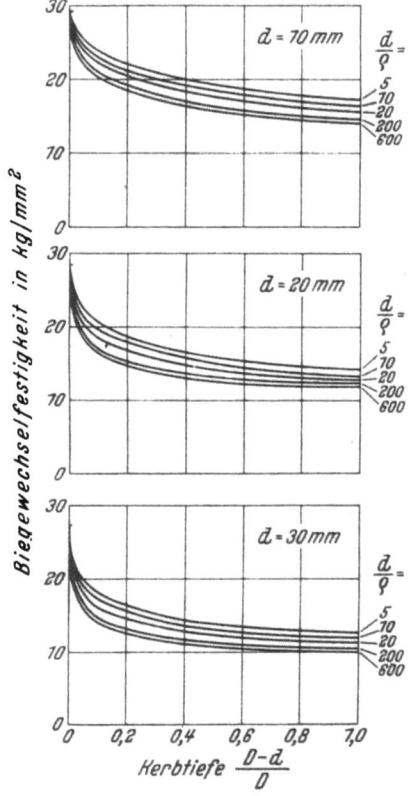

Abbildungen 6 bis 8. Biegewechselfestigkeit in Abhängigkeit von der bezogenen Kerbtiefe $\dfrac{D-d}{D}$ unter Berücksichtigung des absoluten Kerndurchmessers d und der bezogenen Abrundungsschärfe $\dfrac{d}{\varrho}$ bei einem Stahl mit 0,3 % C, 0,3 % Si und 0,6 % Mn (entwickelt aus Abb. 4 und 5).

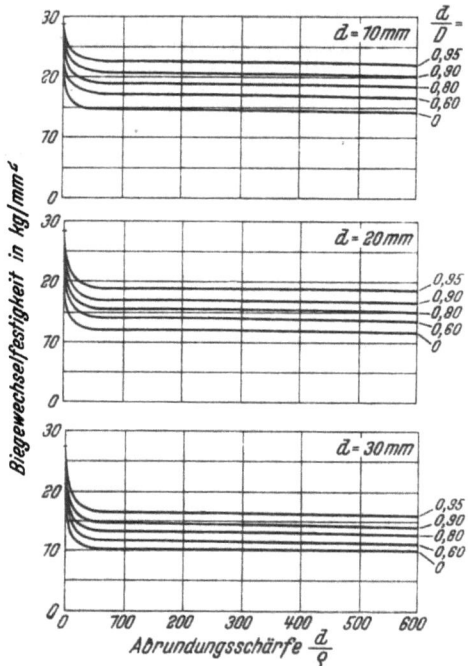

Abbildungen 9 bis 11. Biegewechselfestigkeit in Abhängigkeit von der bezogenen Abrundungsschärfe unter Berücksichtigung des absoluten Kerndurchmessers d und des bezogenen Kerndurchmessers $\dfrac{d}{D} = \left(1 - \dfrac{D-d}{D}\right)$ bei einem Stahl mit 0,3 % C, 0,3 % Si und 0,6 % Mn (entwickelt aus Abb. 6 bis 8).

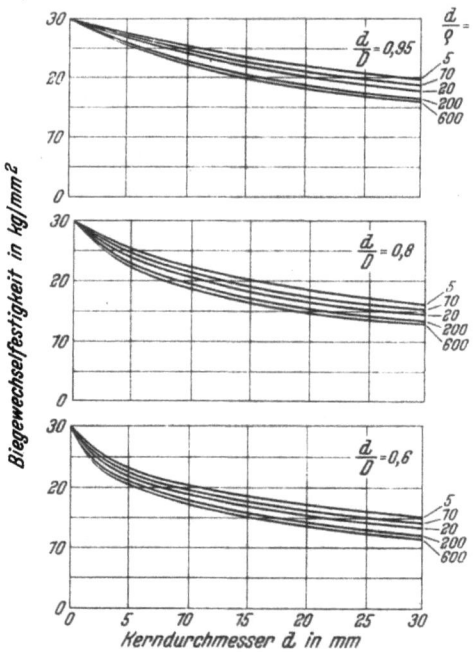

Abbildungen 12 bis 14. Biegewechselfestigkeit in Abhängigkeit vom absoluten Kerndurchmesser unter Berücksichtigung des bezogenen Kerndurchmessers und der bezogenen Abrundungsschärfe bei einem Stahl mit 0,3 % C, 0,3 % Si und 0,6 % Mn (entwickelt aus Abb. 6 bis 8).

Darstellung hervor, daß bei unendlich klein gedachten Proben eine Einwirkung der Kerbung auf die Wechselfestigkeit überhaupt nicht vorhanden ist. **Eine Behandlung der Kerbwirkung ohne gleichzeitige Berücksichtigung der Probengröße verspricht also keinen Erfolg.**

Die klare Abhängigkeit der Wechselfestigkeit von der Gestaltung verleitet zu noch eingehenderer Auswertung für praktische Zwecke. Es liegt die Frage nahe, wie man große Körper gestalten könnte, damit sie gegenüber kleineren keine Einbuße an Wechselfestigkeit erleiden. Die Antwort läßt sich an Hand von Schnitten, die in *Abb. 12 bis 14* gleichlaufend der Abszisse durch bestimmte Wechselfestigkeitswerte geführt werden, erteilen. Es ergeben sich dann die Formen gleicher Wechselfestigkeit. Trägt man diese

Formen, ausgedrückt durch die drei Gestaltselemente bezogene Kerbtiefe, bezogene Kerbschärfe und Probendurchmesser nach *Abb. 15* in ein Raumschaubild ein, so ergeben sich Raumschalen gleicher Wechselfestigkeit. In diesen Raumschalen offenbart sich ein Rest eines Aehnlichkeitsgesetzes. Betrachtet man nämlich alle Kurven, die in zur Bildebene parallelen Schnitten liegen — wobei es

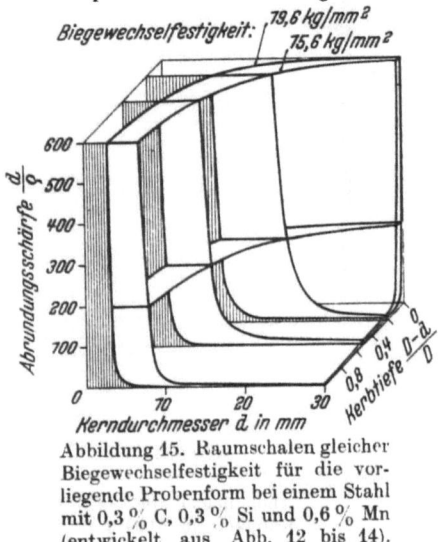

Abbildung 15. Raumschalen gleicher Biegewechselfestigkeit für die vorliegende Probenform bei einem Stahl mit 0,3 % C, 0,3 % Si und 0,6 % Mn (entwickelt aus Abb. 12 bis 14).

also gleichgültig ist, ob sie verschiedenen Kerbtiefen oder Schalen verschiedener Wechselfestigkeit angehören —, so ergeben sie verhältnisgleiche Abszissenabschnitte. Vereinigt man solche Kurven nach *Abb. 16* in einem zweiachsigen Schaubild mit d/ϱ und d als Koordinaten, so sind die Abszissenabschnitte d bei irgendeiner Ordinate d/ϱ verhältnisgleich den entsprechenden Abschnitten bei einem anderen d/ϱ; z. B. entsprechen bei $d/\varrho = 600$ den Abszissenabschnitten $d = 5$, 10 und 15 usw., die Abschnitte $d = 8$, 16, 24 usw. bei $d/\varrho = 10$ oder die Abschnitte $d = 10$, 20, 30 usw. bei $d/\varrho = 5$ usw. Jeder der in *Abb. 16* eingezeichneten Kurven gleicher Wechselfestigkeit hat Gültigkeit für viele Werte der Wechselfestigkeit oder viele bezogene Kerbtiefen. Innerhalb einer und derselben einer bestimmten bezogenen Kerbtiefe zugehörigen Kurve ist aber die Wechselfestigkeit bei den durch die Kurve angezeigten verschiedenen Abmessungen für d/ϱ und d gleichbleibend.

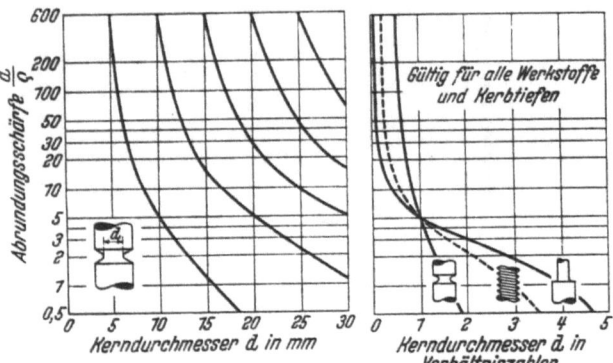

Abbildung 16 und 17. Kurven gleicher Kerbwechselfestigkeit von Körpern verschiedener Gestaltung.

Die so erläuterte Gesetzmäßigkeit entspricht einer Umdeutung des Gesetzes von den „proportionalen Widerständen". Sie läßt sich etwa folgendermaßen in Worte fassen: Reihen von Körpern verschiedener Gestaltung, die alle die gleiche Wechselfestigkeit bei gleichem Werkstoff haben, behalten untereinander gleiche

Wechselfestigkeit (wenn auch von anderer Größe), wenn man sie verhältnisgleich vergrößert. Infolge dieser so gekennzeichneten Verhältnisgleichheit lassen sich für die vorliegenden Kerbformen alle in *Abb. 16* gezeichneten Kurven zu einer einzigen vereinigen, wenn man den Durchmesser d nicht mehr in mm angibt, sondern in Verhältniszahlen *(Abb. 17)*. Aus dieser Kurve läßt sich dann der

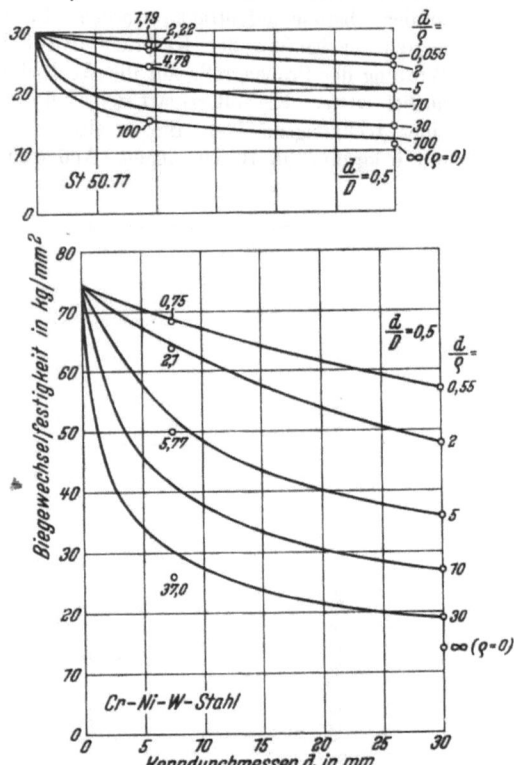

Abbildung 18 und 19. Biegewechselfestigkeit in Abhängigkeit vom absoluten Kerndurchmesser unter Berücksichtigung des bezogenen Kerndurchmessers und der bezogenen Abrundungsschärfe an St 50.11 und einem Chrom-Nickel-Wolfram-Stahl (nach Ergebnissen von E. Lehr und R. Mailänder).

zugehörige d/ϱ-Wert entnehmen, wenn eine Probe einen größeren Durchmesser d erhalten, aber nichts an Wechselfestigkeit einbüßen soll. Ist z. B. die Wechselfestigkeit bei $d/\varrho = 5$ und $d = 1$ mm bekannt *(Abb. 17)*, so bleibt dieselbe Wechselfestigkeit erhalten, wenn $d = 1,85$ mm und $d/\varrho = 0,5$ wird, weil diese Werte auf der Kurve liegen. Wäre die Wechselfestigkeit für $d = 10$ mm und $d/\varrho = 5$ bekannt, so ändert sich die Wechselfestigkeit nicht, wenn man $d = 10 \cdot 1,8$ mm und $d/\varrho = 0,5$ macht. In *Abb. 17* ist außerdem die Kurve für die abgesetzte Welle eingezeichnet worden. Sie wurde aus einer Umzeichnung *(Abb. 18 und 19)* der von E. Lehr und R. Mailänder ermittelten Prüfwerten von zwei verschiedenartigen Stählen in gleicher Weise entwickelt[9]. Die für die Schraubenform gültige Kurve wurde schätzungsweise eingezeichnet.

Mit Hilfe solcher Kurven wäre der Konstrukteur oder Werkstoffprüfer in der Lage, die Festigkeit eines großen Bauteiles aus der Prüfung eines zugeordneten kleineren (Kleinprobe) zu ermitteln. Ferner wäre er in der Lage, zwecks Beibehaltung einer geforderten Festigkeit bei

---

[9] Verstickter Stahl, der von E. Lehr und R. Mailänder noch untersucht wurde, fügt sich erwartungsgemäß nicht in die obige Gesetzmäßigkeit ein, weil durch wechselnde Werkstoffeigenschaften innerhalb des Probenquerschnitts die Verhältnisgleichheit wiederum gestört wird.

Vergrößerung des Körpers die notwendigen Gestaltsverbesserungen vorzunehmen. Für die Durchführung dieser Aufgabe gibt *Abb. 20* drei Beispiele. Der unterbrochen gezeichneten verhältnisgleichen Vergrößerung jedes der drei Formelemente stehen die stark gezeichneten Umrisse gegenüber, bei welchen der Körper nichts an Wechselfestigkeit einbüßt.

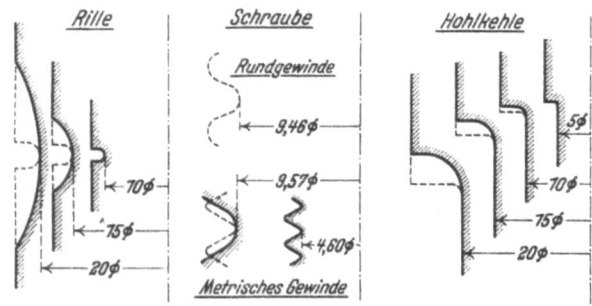

Abbildung 20. Formen gleicher spezifischer Wechselfestigkeit bei unterschiedlicher absoluter Größe für drei Bauformen, abgeleitet aus Abb. 17.

Die Frage der Kerbempfindlichkeit ist, wie aus dem neueren Schrifttum hervorgeht, noch nicht in dem Sinne gelöst, daß aus einer einzelnen Prüfung eine allgemein anwendbare Kerbempfindlichkeitszahl für einen Werkstoff ermittelt werden könnte. Auf Grund der vorliegenden Untersuchung ist es schon möglich, aus wenigen Versuchen weitreichende Voraussagen zu machen. Von sämtlichen in *Abb. 12 bis 14* möglichen Kurven braucht man für einen bestimmten Werkstoff nur eine einzige Kurve versuchsmäßig zu ermitteln, um auf Grund des abgeleiteten Gesetzes den Verlauf aller übrigen voraussagen zu können, wenn man die Kurve gleicher Wechselfestigkeit für die in Frage stehende Gestaltsform einmalig und unabhängig vom Werkstoff ermittelt hat. Es wäre sogar nur ein einziger Versuchspunkt erforderlich, um alle übrigen Möglichkeiten voraussagen zu können, wenn man das mathematische Gesetz der in *Abb. 12 bis 14* vorkommenden Kurven aufstellt. Von einer vorzeitigen Veröffentlichung eines solchen Gesetzes soll jedoch noch Abstand genommen werden. Zunächst steht lediglich die Förderung der Anschauungsunterlagen für das Verstehen der Wechselfestigkeit unter dem Einfluß unterschiedlicher Spannungsverteilung und verschiedener Probengröße im Vordergrund.

Zusammenfassung.

Auf Grund der bisherigen Untersuchungen über den Einfluß der Probengröße und von Kerben auf die Biegewechselfestigkeit ist vielfach die Meinung entstanden, daß sich kaum Gesetzmäßigkeiten aufstellen lassen, nach denen auf die Wechselfestigkeit für beliebige Probengrößen von einer Versuchsprobenform bestimmter Größe zu schließen ist. Ordnet man aber die Ergebnisse von Wechselfestigkeitsversuchen nach bezogenen Werten für die Kerbtiefe (Verhältnis von Kerbtiefe zum Durchmesser des Vollstabes) und für die Kerbschärfe (Abrundung im Kerbgrund im Verhältnis zum Kerndurchmesser), so ergibt sich eine Gesetzmäßigkeit, die etwa folgendermaßen in Worte zu fassen ist: Reihen von Körpern verschiedener Gestaltung, die alle die gleiche Wechselfestigkeit bei gleichem Werkstoff haben, behalten untereinander gleiche Wechselfestigkeit (wenn auch von anderer Größe), wenn man sie verhältnisgleich vergrößert.

Damit ist die Möglichkeit gegeben, auf Grund einer Versuchsreihe mit verschiedenen Kerbformen bei gleichbleibendem Durchmesser die Festigkeit eines großen Bauteils aus der Prüfung eines zugeordneten kleineren Stabes mit genügender Genauigkeit vorauszusagen.

R. Mailänder, Essen: Der Versuch von Herrn Kuntze, die bisher noch wenig übersichtlichen Beziehungen zwischen Probengröße, Kerbform und Wechselfestigkeit zu klären, ist sehr zu begrüßen, und es ist zu wünschen, daß hierfür bald noch weitere Unterlagen zur Verfügung gestellt werden. Zu diesem Zweck mögen kurz einige Ergebnisse über den Einfluß der Kerbtiefe, die in der Versuchsanstalt der Firma Fried. Krupp A.-G., Essen, ermittelt wurden, mitgeteilt werden. Proben aus verschiedenen Stählen wurden mit und **ohne** Kerb auf ihre Biegewechselfestigkeit geprüft; *Abb. 21* zeigt die Kerbform. Trägt man die gefundenen Nenn-Wechselfestigkeiten, ausgedrückt in Hundertteilen der Wechselfestigkeit der ungekerbten Stäbe, in Abhängigkeit von der Kerbtiefe $\left(\text{oder } \dfrac{D-d}{d}\right)$ auf, so zeigt sich, daß mit steigender Kerbtiefe die Wechselfestigkeit zuerst stark, von einer gewissen Kerbtiefe an aber kaum mehr weiter abnimmt *(Abb. 21)*. Bemerkenswert ist, daß die Versuchspunkte für alle untersuchten Stähle zwischen den beiden eingezeichneten Kurven liegen, daß sich also die Kerbempfindlichkeiten dieser Stähle, trotz ihrer sehr verschieden hohen Zugfestigkeit, nur wenig unterscheiden. Dieses Ergebnis scheint sich allerdings nach den Versuchen von R. Faulhaber[6], die Herr Kuntze in seinen Kurven gebracht hat, nicht auf andere Kerbformen übertragen zu lassen.

Die Erörterung ging weiter auf die Frage ein, worauf die geringere Biegewechselfestigkeit stärkerer Proben zurückzuführen ist. Die Deutung von R. Faulhaber[6], daß die Spannungsverteilung beim dickeren Probestab über den Querschnitt ungünstiger sein soll, wurde allgemein als nicht stichhaltig angesehen.

K. Daeves wies darauf hin, daß die Ergebnisse von Herrn Kuntze durch Erfahrungen, die man bei Flugzeugkurbelwellen gemacht hat, bestätigt werden. Nach dem Auftreten der ersten Dauerbrüche an diesen Wellen hatte man versucht, sie durch eine einfache Verstärkung des Werkstoffquerschnittes zu beheben,

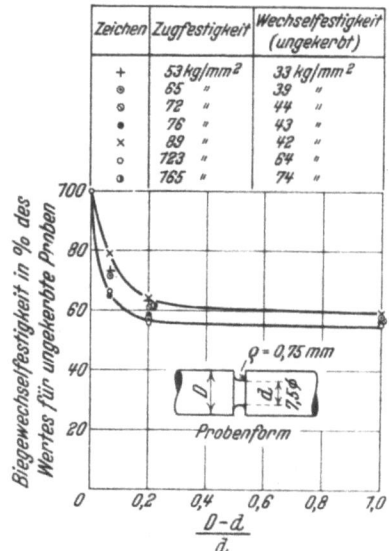

Abbildung 21. Einfluß der Kerbgröße auf die Biegewechselfestigkeit bei Stählen mit unterschiedlicher Zugfestigkeit.

ohne jedoch auch die Querschnittsübergänge entsprechend sanfter zu gestalten. Deshalb hatte der Weg der Querschnittsverstärkung allein bei diesen Wellen auch keinen Erfolg.

Manuldruck von F. Ullmann G. m. b. H., Zwickau Sa.

Einfluß des durch die Gestalt erzeugten Spannungszustandes auf die Biegewechselfestigkeit.

Von **Wilhelm Kuntze** in Berlin.

[Mitteilung aus dem Staatlichen Materialprüfungsamt Berlin-Dahlem.]

Bericht Nr. 367 des Werkstoffausschusses des Vereins deutscher Eisenhüttenleute.

(Aufgaben der Werkstoffmechanik. Wege zur Ermittlung der mehrachsigen Beanspruchungen und der Spannungsverteilung an gekerbten Prüfstäben. Ihre Kennzeichnung durch das Verhältnis der Spannungen quer zur Stabachse zu den Spannungen in der Stabachse und durch die Kerbprofilzahl. Abhängigkeit der Wechselfestigkeit von mehrdimensionalen und ungleichmäßig verteilten Beanspruchungen. Folgerungen für Durchbildung und Berechnung von Bauteilen sowie für die Bedeutung der Werkstoffprüfung.)

Im Bericht von W. Kuntze und W. Lubimoff[1]) wurde die Wechselfestigkeit von gekerbten Prüfstäben auf ihre drei hauptsächlichen Gestaltungselemente, nämlich auf Kerbtiefe, Kerbschärfe und absolute Durchmessergröße, zurückgeführt. Dies Verfahren erlaubt schon recht gute Einblicke in das Wesen der Kerbwechselfestigkeit, gibt brauchbare Anhaltspunkte für die Prüfung gekerbter Proben und läßt sogar Schlüsse auf das Verhalten beliebig bemessener Maschinenteile zu, wenn sie zur Gattung ähnlich beanspruchter Körper gehören, wie z. B. der Schraubenbolzen, die abgesetzte Welle, die ringförmige Nute.

Auf Bauteile abweichender Gestaltung lassen sich die gewonnenen Erkenntnisse nur schwer übertragen. Im Maschinenbau wie im Brückenbau ist man zur Ermittlung der Festigkeit dazu übergegangen, den Spannungsverlauf in den Bauteilen zu ermitteln, teils durch Oberflächenmessungen an den Gebrauchskörpern, teils durch Uebernahme der an Modellen versuchsmäßig und theoretisch ermittelten Werte. Mit der mehr oder weniger guten Kenntnis des Spannungsverlaufs ist aber noch nichts in der Festigkeitsfrage des beanspruchten Körpers geklärt. Daß der Werkstoff nicht kurzerhand mit einer Festigkeitskennzahl in die Spannungsberechnung eingeführt werden darf, sondern je nach den — infolge der Gestaltungen sich ändernden — Beanspruchungen immer wieder andere „Festigkeiten" zeigt, wurde schon im Anfang des früheren Berichtes[1]) erwähnt.

Mit dem Verhalten des Werkstoffes unter sich ändernden Spannungsverhältnissen beschäftigt sich die „Werkstoffmechanik". Diese neue Wissenschaft gründet sich auf ganz andere Anschauungen als die klassische, nicht stoffbedingte Mechanik. Wer die Festigkeit eines Körperteilchens als Folge seiner Beanspruchungen nach gleichen Grundsätzen beurteilen wollte wie sein elastisches Verhalten, würde zu groben Fehlschlüssen kommen. Daher müssen zunächst einmal Erfahrungstatsachen über das Verhalten der Festigkeit bei verschiedenen Spannungszuständen gesammelt und so die Grundlagen der Werkstoffmechanik aufgebaut werden. Es ist offensichtlich, daß dies an elementaren Prüfformen zu geschehen hat, weil man bei diesen die Spannungsverhältnisse besser beherrscht als etwa an unregelmäßig geformten Maschinenteilen. An elementaren Prüfformen lassen sich alle Möglichkeiten planmäßiger Uebersicht verwirklichen, während die an Maschinenteilen gewonnenen Erfahrungen nur zusammenhanglose Einzelergebnisse liefern. Nach der im ersten Bericht gebrachten Auswertung von Versuchsergebnissen über die Kerbbiegewechselfestigkeit von Prüfstäben läßt sich nun in weiten Bereichen die Abhängigkeit der Wechselfestigkeit von den Spannungszuständen feststellen. Wenn es auch bisher noch nicht gelungen ist, die Spannungsverteilung in dreidimensionalen Gebilden einwandfrei zu ermitteln — von dem in der Entwicklung begriffenen spannungsoptischen Verfahren bei dreidimensionalen Körpern sei abgesehen —, so läßt sich doch durch Messungen und Ueberlegungen eine recht gute Gliederung und Staffelung der Anspannungsverhältnisse erzielen.

Die Spannungen lassen sich nach ihrer Einwirkung auf die Festigkeit einteilen in

1. mehrdimensionale Spannungen,
2. ungleichförmig verteilte Spannungen.

Beide Einwirkungen sollen im folgenden getrennt untersucht werden.

Der Ermittlung des Grades der mehrdimensionalen Beanspruchung dient die Messung der elastischen Querdehnung. Bei dem auf Zug beanspruchten glatten Stab beträgt die Querzusammenziehung je Spannungseinheit $\mu \cdot \alpha$, worin α der reziproke Wert des Elastizitätsmoduls ist und μ die Poissonsche Zahl bedeutet, welche mithin ausdrückt, den wievielten Teil der Längsdehnung für einen Werkstoff die Querdehnung beträgt. Bei Einkerbungen treten vom überstehenden Werkstoff herrührende Seitenkräfte im Kernquerschnitt auf, welche die Querzusammenziehung verringern, sie bei starkwirkenden Kerben sogar Null werden lassen oder im noch wirksameren Falle in eine Querausdehnung umwandeln[2]). Im Grenzfall größter Querausdehnung, die für die Festigkeitsuntersuchungen in Betracht kommt, ist die Querausdehnung je Spannungseinheit gleich $(1-2\mu) \alpha$. Dieser Fall ergibt sich aus dem elastischen Superpositionsgesetz, wenn in den drei Raumrichtungen die beanspruchenden Zugkräfte einander gleich sind (polarsymmetrischer Beanspruchungsfall). Er entspricht der größtmöglichen dreidimensionalen Wirkung auf die Festigkeit, weil in diesem Falle sich alle Schubkräfte aufheben und nur Trennbeanspruchungen im Werkstoff auftreten. Wird die Querdehnung größer als die Längsdehnung, so ist die mehrdimensionale Wirkung auf die Festigkeit wieder geringer. Dieser Fall, der beim Kerbzugversuch nicht

---

[1]) Arch. Eisenhüttenwes. 10 (1936/37) S. 307/11 (Werkstoffaussch. 363).

[2]) P. Ludwik: Arch. Eisenhüttenwes. 1 (1927/28) S. 537/42 (Werkstoffaussch. 121); W. Kuntze: Kohäsionsfestigkeit (Berlin: J. Springer 1932); Mitt. dtsch. Mat.-Prüf.-Anst. Sonderheft 20 (1932) S. 8.

zu verwirklichen ist, unterscheidet sich vom vorigen Fall nur dadurch, daß die größte Kraft jetzt in der Querrichtung und nicht in der Längsrichtung wirkt.

Mit Hilfe der Querdehnungsmessungen erhält man mithin eine Skala der räumlichen Wirkung von Zugspannungen, die von $-\mu\alpha$ beim glatten Prüfstab bis $+(1-2\mu)\alpha$ bei polarsymmetrischer Beanspruchung reicht. Beginnt man die Zählung beim belasteten glatten Prüfstab mit 0, so erhält man demgegenüber für den Grenzfall der polarsymmetrischen Beanspruchung einen Durchmesserunterschied von

$$\Delta d = \mu\alpha + (1-2\mu)\alpha = (1-\mu)\alpha \qquad (1)$$

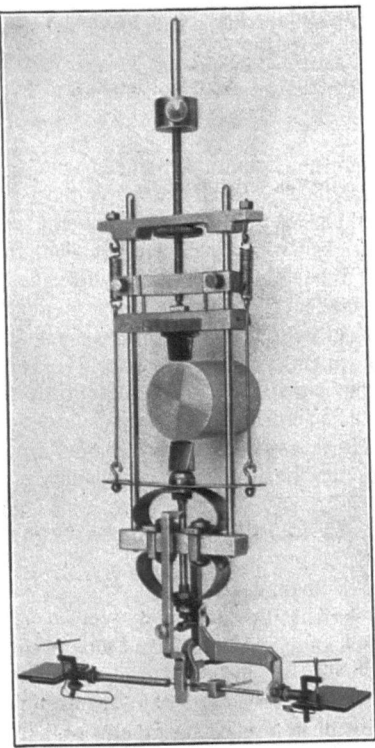

Abbildung 1. Querdehnungsmesser für gekerbte Prüfstäbe.

unter der Voraussetzung, daß der Durchmesser im unbelasteten Zustand gleich 1 und die aufgebrachte Spannung gleich 1 sei. Ist z. B. $\mu = 0{,}284$ und $\alpha = 47{,}5 \cdot 10^{-6}$ mm²/kg, so ergibt sich $(1-\mu)\alpha$ zu $34 \cdot 10^{-6}$ mm²/kg. In der später zu beschreibenden Abb. 5 ist die Skala der Querausdehnungen bis zu diesem Grenzwert in der Abszisse angegeben worden. Die Querdehnungsmessungen wurden mit dem in Abb. 1 wiedergegebenen Gerät durchgeführt.

Mit dem Querdehnungsmaß ist man außerdem in der Lage, die räumlichen Kräfte als Durchschnittswerte unmittelbar anzugeben. Bezeichnet man die elastischen Dehnungen in den drei Raumrichtungen mit $\varepsilon_1, \varepsilon_2, \varepsilon_3$ und die Spannungen mit s_1, s_2, s_3, so bestehen die folgenden elastizitätstheoretischen Beziehungen[3]):

$$\varepsilon_1 = \alpha [s_1 - \mu(s_2 + s_3)] \qquad (2)$$
$$\varepsilon_2 = \alpha [s_2 - \mu(s_1 + s_3)] \qquad (3)$$
$$\varepsilon_3 = \alpha [s_3 - \mu(s_1 + s_2)] \qquad (4)$$

Im vorliegenden Falle sei s_1 die in Richtung der Stabachse aufgegebene Zugspannung. Wegen des kreisförmigen Stabquerschnitts ist $s_2 = s_3$ und $\varepsilon_2 = \varepsilon_3$. Damit wird die Gleichung (3) überflüssig. Dividiert man jetzt die Gleichungen (2) und (4) durch die aufgebrachte (bekannte) Spannung s_1, so ergeben sich die Gleichungen

$$\frac{\varepsilon_1}{s_1} = \alpha\left(1 - 2\mu\frac{s_3}{s_1}\right) = \alpha_1, \qquad (5)$$

$$\frac{\varepsilon_3}{s_1} = \alpha\left[\frac{s_3}{s_1} - \mu\left(1 + \frac{s_3}{s_1}\right)\right] = \alpha_3. \qquad (6)$$

α_1 und α_3 ($=\alpha_2$) sollen als die Dehnungen je Spannungseinheit oder als die Dehnungszahlen des gekerbten Prüf-

[3]) A. und L. Föppl: Drang und Zwang (München und Berlin: R. Oldenbourg 1923).

stabes bezeichnet werden, die in den drei Raumrichtungen im Kernquerschnitt wirken, während α und $\mu\alpha$ die Dehnungszahlen in der Längs- bzw. in den Querrichtungen des glatten Prüfstabes sind. Im Grenzfall für $s_3 = s_2 = s_1$ ergeben die Gleichungen (5) und (6) für α_1 und α_3 den schon erwähnten Grenzwert $(1-2\mu)\alpha$. In den Gleichungen (5) und (6) ist α, μ und $\alpha_3 = \frac{\varepsilon_3}{s_1}$ durch Versuche bestimmbar, infolgedessen kann $\frac{s_3}{s_1}$ und α_1 aus beiden Gleichungen errechnet werden.

Von Bedeutung ist aber nur das Spannungsverhältnis $\frac{s_3}{s_1}$. Es ergibt sich unmittelbar aus Gleichung (6) zu

$$\frac{s_3}{s_1} = \frac{\mu\alpha + \alpha_3}{(1-\mu)\alpha}. \qquad (7)$$

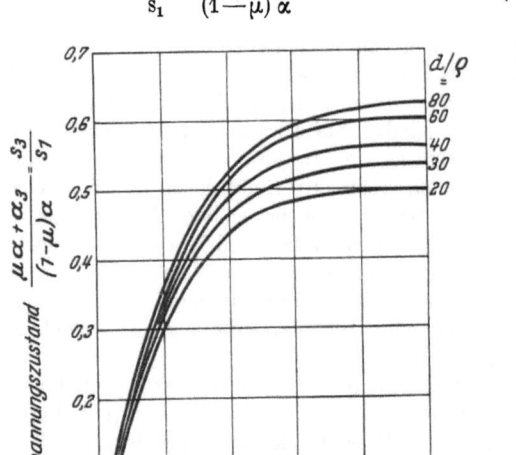

Abbildung 2. Spannungszustand von gekerbten Rundproben bei Zugbeanspruchung (Kerbwinkel 60°).

Bei Berücksichtigung des an Hand von Gleichung (1) Gesagten erkennt man, daß $\frac{s_3}{s_1}$ linear mit dem Dehnungsunterschied zwischen glattem und gekerbtem Prüfstab verläuft und dieser den Wert 1 bei $s_3 = s_1$ erreicht, wenn der Dehnungsunterschied $\mu\alpha + (1-2\mu)\alpha = (1-\mu)\alpha$ erreicht. Infolge dieser linearen Beziehung ist das an irgendeinem Stahl für eine bestimmte Kerbform ermittelte Verhältnis der Spannung quer zur Stabachse zu der Spannung in der Stabachse auf andere Stähle ohne weiteres zu übertragen unter der Voraussetzung, daß die Messungen im rein elastischen Gebiet vorgenommen werden. Bei verschiedenen Stählen ergeben gleiche Kerbformen wohl verschiedene elastische Werte von α_3, μ und α, aber für $\frac{s_3}{s_1}$ ergibt sich der gleiche Wert. Abb. 2 bringt ein Beispiel für die auf Stähle übertragbaren Werte des dreidimensionalen Spannungszustandes bei der üblichen gekerbten Rundprobe mit veränderlichem Kerbwinkel ω, Kerndurchmesser d, Außendurchmesser D, Kerbtiefe t und Kerbabrundungsradius ρ.

Die Gültigkeit der vorstehenden Ermittlungen des mehrdimensionalen Spannungszustandes setzt gleichmäßige Spannungsverteilung voraus. Eine angenähert gleichmäßige

Spannungsverteilung ergeben sehr tief gekerbte Prüfstäbe, wovon später noch näher die Rede sein soll. Bei tiefgekerbten Prüfstäben darf mithin vorausgesetzt werden, daß die obigen Entwicklungen dem wirklichen Zustand Genüge leisten. Bei geringeren Kerbtiefen ist die Ungleichförmigkeit der Spannungsverteilung erheblich. Da in einem solchen Falle die summarische Messung von α_3 und damit von $\frac{s_3}{s_1}$ nicht mit den Beanspruchungen jedes einzelnen Körperteilchens im tragenden Querschnitt übereinstimmt, so könnte man Bedenken hegen, ob man diesen summarischen Spannungszustand zur Festigkeit in Beziehungen bringen darf. Aber auch diese Bedenken lassen sich einschränken, wenn man in Betracht zieht, daß nach neuen Erkenntnissen nicht das am meisten beanspruchte Teilchen für die Festigkeit des gesamten Körpers maßgebend ist, sondern daß die Festigkeit eine summarische Widerstandswirkung aller verschieden beanspruchten Teilchen ist[4]. Diese Anschauung hat im

einer Verteilungskurve gut wiedergibt, enthält noch mindestens eine Hilfsgröße (Parameter), welche die endgültige Anpassung der Kurve an die verschiedenen Gestaltungen vollzieht. Kennt man also die jeder Gestaltung zugeordnete Hilfsgröße, so kann man in jedem Falle mit Hilfe der Gleichung und der in sie einzusetzenden Hilfsgröße die Spannungsverteilung errechnen. Es kommt also darauf an, die Hilfsgröße zu finden. Der Ermittlung einer solchen Hilfsgröße diene *Abb. 3*. Sie beruht auf der Ueberlegung, daß eine Kerbe sich um so schärfer auswirkt, je kleiner der Inhalt ihres Flächenprofils ist. Da jedoch die Abmessungen dieser Profilfläche nahe dem Kerbgrunde für die Beeinflussung des Spannungsverlaufs wirksamer sind als die weiter ab liegenden, so muß eine hierauf Rücksicht nehmende Umzeichnung des Profils erfolgen. Durch Probieren an vorhandenen Messungen hat sich ergeben, daß die Wirkungen der Abmessungen auf den Spannungsverlauf mit etwa der zwanzig-

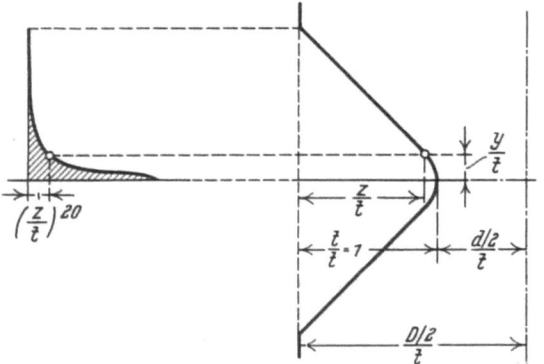

Abbildung 3. Ermittlung der Profilwirkungsfläche eines Kerbes (y und z = Achsenbezeichnungen).

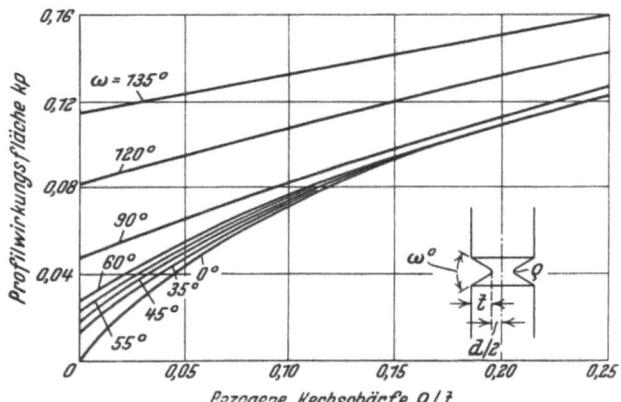

Abbildung 4. Profilwirkungsflächen für gekerbte Rundstäbe.

Brückenbau schon zu weitgehender Beeinflussung der Berechnungsgrundlagen geführt[5]. Der Einfluß der ungleichförmigen Beanspruchung kommt also nur zum Teil zur Auswirkung auf die Festigkeit. Damit gewinnt aber das **beschriebene Verfahren auch für ungleichförmige Beanspruchungen an Bedeutung.**

Mit den nun folgenden Ausführungen ist man auch in der Lage, **die Spannungsverteilung in den Prüfstäben zahlenmäßig festzulegen**, so daß man dem Einfluß der Spannungsverteilung auf die Festigkeit nachgehen kann. Bekanntlich genügt die Formzahl zur Kennzeichnung der gesamten Verteilung nicht, da sie nur ein Maß für die Spannungsspitze allein darstellt. Es läßt sich nicht umgehen, die Verteilungskurve der Spannungen oder Dehnungen zunächst in eine mathematische Gleichung einzukleiden. Für diese Behandlung sind wiederum die geometrisch klaren Formen gekerbter Prüfstäbe am geeignetsten.

Es würde zu weit führen, an dieser Stelle den Entwicklungsgang einer algebraischen Gleichung für den Spannungs- oder Dehnungsverlauf durchzuführen. Es seien daher unter Hinweis auf eine frühere Arbeit[6] nur folgende hauptsächlichsten Gedankengänge aufgezeichnet. Eine Gleichung, die in ihrem allgemeinen Aufbau die kennzeichnende Form

---

[4]) W. Kuntze: Einfluß ungleichförmig verteilter Spannungen auf die Festigkeit von Werkstoffen. In: Bericht über die Tagung des Fachausschusses für Maschinenelemente in Aachen 1935 (Berlin: VDI-Verlag 1936) S. 8/16.

[5]) I. Fritsche: Stahlbau 9 (1936) S. 90/96 u. 137/38; Grundlagen der Plastizitätstheorie in materialtechnischer Hinsicht. In: Vorbericht des Kongresses der Internationalen Vereinigung für Brückenbau und Hochbau, Berlin-München 1936, S. 15/44; K. Klöppel: Stahlbau 9 (1936) S. 97/112.

[6]) W. Kuntze: Stahlbau 9 (1936) S. 121/24.

sten Potenz der Entfernung vom Kerbgrund abnehmen. Hieraus folgt eine einfache Ableitung der Profilwirkungsfläche eines Kerbes, indem man in radialer Richtung die zwanzigsten Potenzen der Abmessungen und in axialer Richtung die wirklichen Größen aufträgt. Zweckmäßig ist dabei, alle Abmessungen vorher durch die Kerbtiefe t zu teilen, weil man dadurch stets die Kerbtiefe 1 erhält, so daß sich die ausgerechneten zwanzigsten Potenzen für alle Kerben verwenden lassen. Die so erhaltene Profilwirkungsfläche k_p ist dann mit $\frac{t}{d/2}$ zu vervielfachen, um die vorher vorgenommene Teilung durch t wieder auszugleichen und um alle Abmessungen auf den Durchmesser d des tragenden Querschnittes zu beziehen. Damit erhält man dann die Kerbprofilzahl

$$K = \frac{t}{d/2} \cdot k_p \qquad (8)$$

mit

$$k_p = \int_{y=0}^{y=\max} \left(\frac{z}{t}\right)^{20} \cdot d\left(\frac{y}{t}\right). \qquad (9)$$

In *Abb. 4* sind die Profilwirkungsflächen k_p für die geläufigen Prüfstäbe eingetragen. Die Profilzahl K läßt sich dann ohne weiteres nach Gleichung (8) errechnen.

Was fängt man nun mit dieser Zahl an? Sie steht in Beziehung zum Parameter der Gleichung für die Spannungsverteilungskurve, die sich nunmehr errechnen und aufzeichnen läßt. Der Kürze halber sei hierauf nicht näher eingegangen, da hierüber andernorts berichtet worden ist[6]. Aber von der Ermittlung der Spannungsverteilungskurve abgesehen ist die Profilzahl K für sich ein unmittelbarer Gradmesser für die Kerbwirkung. Bei K = 0 sind die Spannungsunterschiede unendlich groß, bei K = 0,5 sind sie schon angenähert gleich 0. Es kann zwar K = ∞ werden, jedoch sind zwischen 0,5 und ∞ keine Kerbwirkungen mehr vorhanden. Man kann sich dies an Hand eines zylindrischen Prüfstabes mit Einspannköpfen leicht vorstellen. Betrachtet man den gesamten Teil zwischen beiden Einspannköpfen als Kerbe, so ergibt sich zwar für einen Schnitt durch die Stabmitte ein großer, aber endlicher Wert von K, aber in Stabmitte ist keine Kerbwirkung mehr vorhanden. Der Einfluß des Stabkopfes hört bekanntlich schon in einem Abstand von etwa Durchmesserlänge auf, und wählt man diesen Abstand als Kerbsymmetrieachse, so erhält K hier etwa den Wert 0,5.

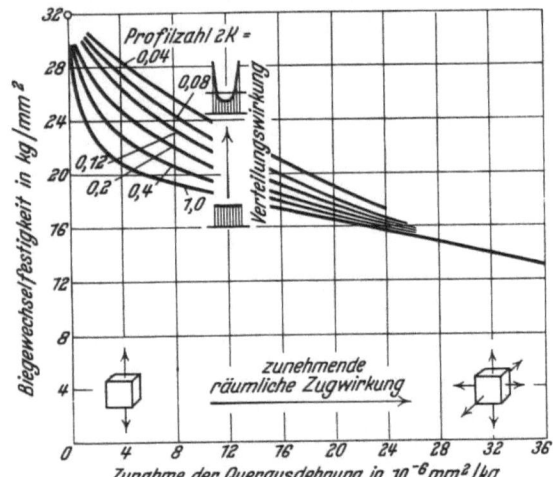

Abbildung 5. Abhängigkeit der Biegewechselfestigkeit eines Stahles St 50 von der Spannungsverteilung und der mehrdimensionalen Beanspruchung.

Die Entwicklung der Kerbprofilzahl wurde auf Grund von Dehnungsmessungen an gekerbten Flachstäben vorgenommen[7]. Die Uebertragung der Ergebnisse von Flachstäben auf Rundstäbe ist in Ermangelung von Messungen bei Rundstäben allgemein Gewohnheit geworden. Doch ist es noch nicht geklärt, ob die Spannungsverteilung bei Flach- und Rundstäben mit gleichem Kerbprofil und gleicher Kerbtiefe dieselbe ist, da die Beziehung zwischen Profilzahl und Parameter verschieden sein könnte[8]. Begnügt man sich aber mit der Kerbprofilzahl K als Maßstab, so geht man sicher, daß sie auch für Rundstäbe eine richtige Staffelung der Kerb- oder Verteilungswirkung zuläßt.

Nachdem nunmehr für die räumliche Spannungswirkung und für die Verteilungswirkung je ein Maßstab entwickelt worden ist, können die Wechselfestigkeitswerte aus dem Bericht von W. Kuntze und W. Lubimoff in diese Maßstäbe übertragen werden. Das ist in Abb. 5 durchgeführt worden. In der Abszisse ist die Zunahme der Querausdehnung eingetragen. Aus ihr läßt sich nach Gleichung (7) das Span-

---

[7] E. Preuß: Z. VDI 58 (1914) S. 701/03; G. Grüning und W. Hoffmann: Elektroschweißg. 7 (1936) S. 26/28.

[8] R. E. Peterson und A. M. Wahl [J. Applied Mechanics 3 (1936) S. A 15/A 22] haben im dreidimensionalen Spannungszustand durch Messungen eine geringere Formzahl gefunden als im zweidimensionalen Zustand. Hieraus kann auf eine etwa gleiche Spannungsverteilung bei beiden Zuständen geschlossen werden, weil bei derselben aus rein geometrischen Gründen die Nennspannung beim runden Stabquerschnitt verhältnismäßig größer als beim rechteckigen werden muß, womit dann die Formzahl beim Rundstab kleiner ausfällt [W. Kuntze: Stahlbau 8 (1935) S. 9/14].

4

nungsverhältnis $\frac{s_3}{s_1}$ sofort angeben; z. B. ist für die Zunahme der Querausdehnung = 8 der Wert $\frac{s_3}{s_1} = \frac{8}{34} = 0,235$. Zur Kennzeichnung der Verteilung wurde die doppelte Profilzahl eingetragen. Für 2 K = 1 ist dann gleichförmige Verteilung vorhanden.

Nach der Zusammenstellung in Abb. 5 wirkt die räumliche Zugbeanspruchung stark erniedrigend auf die Wechselfestigkeit. Diese Erkenntnis ist völlig neu, denn im Schrifttum findet sich meist die Meinung vertreten, daß der räumliche Spannungszustand ebensowohl die statische Festigkeit als auch die Wechselfestigkeit erhöhe. Diese nicht zutreffende Annahme findet ihre scheinbare Begründung darin, daß es beim glatten Prüfstab eine Ermüdung im rein elastischen Gebiet nicht gibt, sondern nur im plastischen, und da der räumliche Spannungszustand die Plastizität unterdrückt, so ist diese Annahme verständlich. Man muß aber anderseits in Betracht ziehen, daß die Ermüdung auf Gefügelockerungen zurückzuführen ist, die bei linearer Beanspruchung im rein elastischen Gebiet gar nicht auftreten können, bei räumlicher Verspannung wohl aber begünstigt werden, weil die elastische Ausweichmöglichkeit geringer als im linearen Zustand ist; es ist z. B. linear $\alpha = 47,5 \cdot 10^{-6}$ mm²/kg; räumlich dagegen unter der Annahme von $\frac{s_3}{s_1} = 0,4$ ist nach Gleichung (5) $\alpha_1 = 47,5$ (1 — 2 · 0,284 · 0,4) = 36,7 · 10⁻⁶ mm²/kg. Dies entspräche einer energetischen, nicht statischen Betrachtungsweise, die bei schwingender Beanspruchung berechtigt ist. Doch sind Behauptungen hierüber verfrüht.

Man muß aber das obige Ergebnis als Tatsache werten und dem mehrdimensionalen Spannungszustand einen wirksameren Anteil an der Erniedrigung der Kerbwechselfestigkeit zuschreiben als den Spannungsspitzen. Der von A. Thum[9] entworfene Begriff einer „Grenzgleitung", welche beim Dauerbruch überschritten werden müsse, verliert mit den vorliegenden Versuchsergebnissen an Wahrscheinlichkeit; denn Thum führt Ueberhöhungen der Dauerfestigkeit auf den mehrdimensionalen Spannungszustand zurück, der die Erreichung der Grenzgleitung hinausschiebe. Wenn in Abb. 5 die hohen Spannungsspitzen (2 K = 0,04) die Wechselfestigkeit gegenüber der gleichförmigen Spannungsverteilung (2 K = 1) sogar zu erhöhen scheinen, so dürfte dies wohl nur einer Verminderung der mehrdimensionalen Wirkung infolge der ungleichförmigen Verteilung zuzuschreiben sein, was einer Wechselfestigkeitserhöhung gleichkommt. Das Querdehnungsmaß entspricht ja, wie schon erwähnt wurde, bei ungleichförmiger Verteilung nicht dem wirklichen räumlichen Zustand an allen Stellen des tragenden Querschnitts. Jedenfalls geht aus der vorstehenden Darstellung hervor, daß die ungleichförmige Spannungsverteilung an sich kaum eine erniedrigende Wirkung auf die Wechselfestigkeit ausübt, daß sie vielmehr dazu beiträgt, die mehrdimensionale Wirkung zu vermindern und damit die Wechselfestigkeit zu erhöhen. Die Kurve mit gleichförmiger Spannungsverteilung (2 K = 1) zeigt einwandfrei, wie überwiegend der Einfluß der mehrdimensionalen Beanspruchung auf die Erniedrigung der Wechselfestigkeit ist.

Die in Abb. 5 zusammengefaßten Werte beziehen sich alle auf den gleich großen Kerndurchmesser von 7,5 mm. Bei größerem Durchmesser würden die Kurven — ausgehend vom gleichen Ausgangswert des glatten Stabes — niedriger

---

[9] Maschinenschaden 12 (1935) S. 155/64.

verlaufen, bei kleinerem Durchmesser aber höher. Die Wirkung des mehrdimensionalen Spannungszustandes ist mithin an die Körpergröße gebunden; kleinste Körper erleiden fast keine Erniedrigung.

Wenn bei der Berechnung und Durchbildung von Bauteilen die Erfahrung Platz gegriffen hat, daß durch geeignete Formgebung die Spannungsspitzen gemildert werden können und damit die Lebensdauer des Bauteiles erheblich heraufgesetzt werden kann, so ist dies nicht ohne Berechtigung und Aussicht auf Erfolg geschehen. Da aber bei Bauten die durch die Gestaltung erzeugte Ungleichförmigkeit des Spannungsverlaufs immer mit einem mehrdimensionalen Spannungszustand einhergeht, so liegt auf Grund der hier dargestellten Erkenntnisse die Vermutung nahe, daß man mit einer Verbesserung der Formgebung unbewußt auch die mehrdimensionale Kraftwirkung herabgesetzt hat. Das ist deshalb leicht möglich, weil mit einer Milderung der Kerbabrundung, die der Konstrukteur meist in Anwendung bringt, zugleich beide Wirkungen herabgesetzt werden. Trotzdem ist es nicht gleichgültig zu wissen, welche der beiden Ursachen die Verbesserung hervorgerufen hat; denn bei Uebergängen mit sehr großen Querschnittsunterschieden ist die mehrdimensionale Wirkung groß, die Spannungsunterschiede aber sind klein, und bei Uebergängen mit geringen Querschnittsunterschieden liegen beide Wirkungen umgekehrt. Es gibt also auch Fälle, in denen beide Wirkungen entgegengesetzt verlaufen. Durch die Erkennung beider Ursachen dürfte also noch mehr Klarheit in die Berechnung und Durchbildung getragen werden.

Auch ein werkstofflicher Umstand ist noch zu beachten. Der Konstrukteur pflegt seine konstruktiven Erfahrungen auf alle Werkstoffe gleichmäßig zu übertragen. Es ist indessen noch nicht nachgewiesen, ob nicht das Maß der Empfindlichkeit gegenüber beiden auseinanderzuhaltenden Wirkungen bei verschiedenen Werkstoffen verschieden gegeneinander abzuwägen ist, daß also bei einem Werkstoff die Empfindlichkeit mehr nach der einen Ursache hinneigt, bei einem anderen Werkstoff nach der anderen Seite. Das würde die Verwendung des Werkstoffes in den verschiedenen Bauteilen beeinflussen.

Aus alledem geht hervor, daß die Ergründung der werkstofflichen Erscheinungen an elementaren Prüfkörpern durchaus notwendig ist. Der Fehlschlag, den die klassische Werkstoffprüfung in Hinblick auf die Bewährung der Werkstoffe im Betrieb erlitten hat, hat leider dazu geführt, daß man heute die elementaren Prüfweisen als zwecklos für die Bewährungsfrage ansieht, und daß man nur von einer „Gestaltsfestigkeit einer einzelnen Konstruktion" spricht, die jeweilig eben nur am fertigen Bauteil zu ermitteln sei. Mit diesem Standpunkt fallen wir in den Anfangszustand der Werkstoffprüfung zurück, in dem es noch keine Kenntnis von Zusammenhängen gab, die Voraussagen erlaubt. Es wäre bedauerlich, wenn die im Schrifttum sich häufenden Aeußerungen, daß die aus ringförmigen Kerben an Prüfstäben gezogenen Schlüsse gegenstandslos seien, weil diese Kerbe praktisch nicht vorkäme[10]), dazu beitragen sollten, die Beachtung der elementaren, jedoch grundlegenden Prüfung zu mindern. Ob Maschinenteil oder Elementarkörper, beide bewähren sich nach gleichen stofflichen Gesetzen. Diese stofflichen Gesetze zu ergründen, ist Aufgabe einer wissenschaftlichen Werkstoffprüfung (Werkstoffmechanik). Abgesehen davon, daß die Prüfung fertiger Bauten unwirtschaftlich ist, gibt sie auch keine Richtlinien zur Verbesserung der Werkstoffe, welche der Prüfung mit herausgeschnittenen Proben vorbehalten bleibt.

Zusammenfassung.

Es ist bekannt, daß die an elementaren Probekörpern ermittelten Wechselfestigkeitswerte nicht unmittelbar in die Festigkeitsberechnung von Bauteilen eingesetzt werden können. Der Grund liegt darin, daß gerade das Wechselfestigkeitsverhalten stark von den Anspannungsverhältnissen abhängt, für deren planmäßige Ermittlung und Kennzeichnung bei verschiedenen Bauteilformen noch wenige Ansätze vorhanden sind.

Für die Festigkeitsberechnung kommt es darauf an, den Grad und die Verteilung der mehrdimensionalen Beanspruchung zu wissen. Zur Kennzeichnung der räumlichen Wirkung der Beanspruchung wird zunächst für Prüfstabformen das mit Hilfe von Querdehnungsmessungen ermittelte Verhältnis der Spannungen quer zur Beanspruchungsachse zu der Spannung in der Beanspruchungsachse herangezogen, das nach theoretischen Ableitungen für alle Stähle bei gegebener Kerbform gleich ist. Das gilt zwar genau nur für eine gleichförmige Spannungsverteilung, läßt sich aber angenähert auch auf ungleichförmig angespannte Bauteile übertragen, wenn man die Verteilung kennt. Zur Kennzeichnung der Spannungsverteilung infolge von Kerben wird auf Grund von Messungen an gekerbten Flachstählen die „Kerbprofilzahl" gewählt, die sich aus Kerbfläche und Probengröße errechnen läßt.

In die Maßstäbe der Querausdehnung und der Profilzahl wurden die Biegewechselfestigkeitswerte aus dem Bericht von W. Kuntze und W. Lubimoff[1]) übertragen. Dabei stellte sich als bemerkenswertes Ergebnis heraus, daß die räumlichen Zugbeanspruchungen an der Erniedrigung der Wechselfestigkeit einen wesentlich größeren Anteil als Spannungsspitzen haben.

Durch dieses Verfahren der Kennzeichnung des Grades und der Ungleichförmigkeit von räumlichen Beanspruchungen ist ein Weg gezeigt, die an kleinen Proben ermittelten Gesetzmäßigkeiten auf große Bauteile zu übertragen. Notwendig ist aber, diese Gesetzmäßigkeiten noch näher zu ergründen, wozu Laboratoriumsversuche an Elementarkörpern unentbehrlich und durchaus genügend sind; denn Bauteile und Elementarproben müssen schließlich den gleichen Stoffgesetzen folgen.

[10]) Vgl. Bericht über die Tagung des Fachausschusses für Maschinenelemente in Aachen 1935 (Berlin: VDI-Verlag 1936) S. 29.

Manuldruck von F. Ullmann G. m. b. H., Zwickau Sa.

Gestaltliche Gefüge-Beschreibung als aussichtsreiche Grundlage der mechanischen Werkstoff-Beurteilung[1]

Von W. Kuntze, Berlin-Dahlem

Es ist bekannt, daß zwischen Erzeugungs-Grundsätzen und Bewährung bisher keine ursächlichen Zusammenhänge entdeckt und verwertet wurden. Die Prüfung diente der Erzeugung gegenüber lediglich als Kontrolle für die Wahl der Werkstoffgruppe und gegenüber der Bewährung als Abnahmekontrolle. Wirklich nützliche Schlüsse innerhalb dieser drei Entwicklungsphasen des Werkstoffes bis zum Gebrauchskörper bauen sich lediglich auf die Erfahrung auf, nicht aber auf erkannte und wissenschaftlich begründete Gesetzmäßigkeiten.

So geht man heute mit neuem Eifer daran, die mechanische Bewährung des Werkstoffes im Betriebe durch eine planmäßige Erforschung des Einflusses der äußeren Gestalt auf die Festigkeit (Gestaltsfestigkeit) zu ergründen, wovon, unbeschadet der in den verschiedenen Instituten des Reiches durchgeführten gleichgerichteten Untersuchungen, die in diesem Heft folgenden drei Arbeiten ein Zeugnis ablegen.

Eine ursächliche Bindung zwischen Prüfeigenschaft und zielsicherer Erzeugung kann mit der planmäßigen Berücksichtigung der Eigengestalt des Gefüges hergestellt werden. Man stützt sich in der Erzeugung (abgesehen von der selbstverständlichen Berücksichtigung weitgehender Temperatur- und sonstiger physikalischer Einflüsse) auf die Chemie und die Konstitutionslehre zur Erfassung des Gefüges, wobei der Erfolg nur in der Erkennung der Art und der damit verbundenen Erfahrung beruht. Ein ursächlicher Zusammenhang zwischen Gefüge und dessen hervorgerufener Eigenschaftlichkeit fehlt noch. Hier hat der

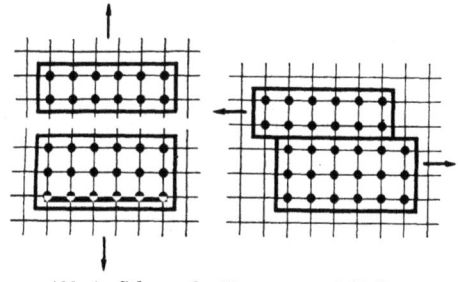

Abb. 1. Schema der Trennung und Gleitung

Aufbau einer Gefügekunde, die sich mit der Auswirkung der Eigengestalt auf die Eigenschaften befaßt, die besten Aussichten, die noch bestehende Bindungslücke zwischen Erzeugung und Bewährung zu überbrücken.

Die mechanischen Eigenschaften bauen sich auf zwei Vorgängen auf: die Kohäsionsüberwindung (Trennen) und die Gleitung (Abschieben). Die einfachste gestaltliche Darstellung mittels des Atomgitters bringt Abb. 1.

Warum erfordert aber die Gleitung soviel weniger Kraft als die Trennung? — Wir müssen uns das Gitter elastisch vorstellen, so daß der Anstoß nur eines Atoms das zweite aus seiner Lage bringt und dies das dritte usw., bis die gesamte Reihe verschoben ist. Man kann dies Experiment an einer Reihe, im gleichen Abstand aufgestellter Billardkugeln leicht verwirklichen. Die Gleitung stellt also eine kinetische Umgehung des Kohäsionswiderstandes dar. Aber Bedingung für diesen kraftsparenden Vorgang ist der Rhythmus des Aufbaues, und dieser Rhythmus setzt kugelähnliche Bausteine voraus und eine kugelähnliche Packung ist immer dicht. Dies ist das Grundgesetz der gestaltlichen Wirkung auf den Gleitwiderstand, die man als „Gleitrhythmus" bezeichnen kann[2].

Die Kristallforscher belehren uns dahin, daß Gitterebenen mit dichtester Atombesetzung dazu neigen, am leichtesten abzuschieben (wenn nicht andere hinzutretende Einflüsse dies beeinträchtigen). Dies widerspricht der Atomtheorie, nach welcher der kleinste Abstand der Atome die größten Anziehungskräfte bewirkt. Aber — die Gleitung ist ja eine Umgehung der Kohäsion und je dichter die Packung, je kugelähnlicher muß sie sein und um so gleicher ist der Rhythmus der Abstände, wodurch der kinetische und energielose Atomplatzwechsel begünstigt wird. Nach U. Dehlinger[3] ist die Festigkeit um so geringer, je größer die Koordinationszahl des Gitters ist, d. h. je mehr gleichweitentfernte Atome vorhanden sind. Je größer diese Zahl ist, je dichter ist die Kugelpackung.

Wir gehen einen Schritt weiter in Richtung gröberer Verhältnisse. Kugeliger Perlit ist leichter verformbar als streifiger. Wenn hier auch kein elastischer Platzwechsel eintritt, bei welchem die Energie fortwirkend verwertet werden kann, so wird doch auch ein plastischer Platzaustausch durch die Kugelform begünstigt. Wir denken dabei an das mit Glaskugeln angefüllte Gefäß, in welches ohne großen Widerstand der Federhalter eindringt; wären es Stäbchen, würde er auf größten Widerstand stoßen. Es kommt immer darauf an, daß

---

[1] Vgl. hierzu die übergeordneten Gedankengänge von E. Seidl und W. Kuntze in Sonderheft 33a.
[2] Diese Art der Erklärung für die geringe Gleitfestigkeit ist bisher noch nicht ausgesprochen worden. Sie wird aber benötigt, weil sie „technische" Vorteile bringt und weil eine befriedigende Lösung dieser Frage nach Schmid u. Boas (Kristallplastizität. Berlin 1935) noch nicht gefunden worden ist.
[3] U. Dehlinger: Gitteraufbau metallischer Systeme. Handbuch der Metallphysik I, 1, S. 80/82. Leipzig 1934

ein verschobenes Körperelement soviel Platz frei macht, als das nachfolgende benötigt.

So folgt aus diesem Zusammenhang eine **Ordnung zwischen Gefüge-Gestalt und Festigkeit**. Nach Abb. 2 ordnet sich die Brinellhärte nach der Kristallform ein. Die geringste Härte zeigen die regulären Systeme, die eine möglichst dichte Kugelpackung zulassen; die größte Härte dagegen ergibt das hexagonale System, und zwar dann, wenn die Gitterkonstante in Richtung der Hauptachse verhältnismäßig groß ist, d. h. wenn der Kristall Stäbchenform hat. Sobald die Hauptachse so kurz wird, daß eine kugelähnliche Packung möglich wird, z. B. bei Magnesium, dann fällt die Festigkeit annähernd bis zu derjenigen des regulären Systems ab[1]. Die Berücksichtigung der Schmelztemperaturen in Abb. 2

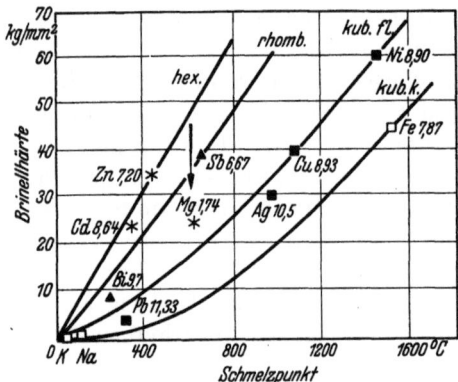

Abb. 2. Abhängigkeit der Brinellhärte von Kristallform und Schmelztemperatur
Zahlen = Dichte, Versuchstemperatur = 20°

ist eine Selbstverständlichkeit; denn je weiter die Versuchstemperatur vom Schmelzpunkt abliegt, je größer ist der Gleitwiderstand. Hohe Temperaturen vermögen ja Unordnungen, die durch Gleitung in den Rhythmus der Atomreihen hineingetragen werden (Blockierungen), wieder rückgängig zu machen, womit der energiesparende Rhythmus wieder hergestellt wird. Vom Standpunkt der Kristallographie aus werden die Härteunterschiede damit erklärt, das dem hexagonalen System nur eine Translationsfläche zur Verfügung steht, während das kubische System viele Translationsmöglichkeiten, also solche in vielen Richtungen hat. Das ist kein Widerspruch; denn die größere Isotropie der Gleitmöglichkeiten des kubischen Systems hat ja auch auch eine größere **Isotropie der Gestalt** zur Folge.

Hinsichtlich der Abb. 2 ist aber eine notwendige Bedingung noch unerwähnt gelassen. Die dort dargestellte Einordnung ist nur vorhanden, wenn man Werkstoffe gleicher röntgenographischer Dichte miteinander vergleicht. Neben einer möglichst dichten Grobpackung ist also noch eine möglichst dichte Feinpackung erforderlich, um die Gleitung zu erleichtern. Dies geht aus Abb. 3 näher hervor. Dort lassen sich die Werkstoffe gleichen kristallographischen Systems und gleicher Dichte auf einer Kurve der Festigkeit in Abhängigkeit zur „homologen Temperatur" einordnen. Der von P. Ludwik geprägte Begriff „homologe Temperatur" bezweckt für jeden Werkstoff die proportionale Einordnung der Versuchstemperatur in die von 0 bis 1 reichende Skala zwischen absolutem Nullpunkt (links) und Schmelzpunkt (rechts) und setzt damit eine vergleichbare relative Temperaturwirkung für den Werkstoff voraus. In Abb. 3 zeigt die Kurve der größeren Dichte (a) wieder die geringere Festigkeit gegenüber derjenigen ge-

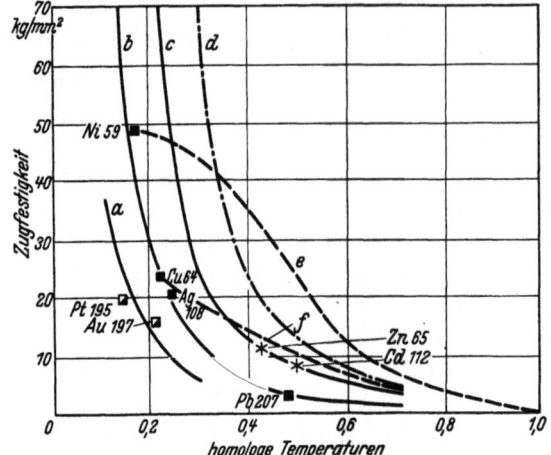

Abb. 3. Abhängigkeit der Zugfestigkeit von Metallen von Kristallform, Dichte, homologer Prüftemperatur und Atomgewicht
Zahlen = Atomgewicht
Kurve a: kub. flz., Dichte = ∞20, Versuchstemperatur = 20°,
 „   b: „   „   ,   „   = ∞10,   „   = 20°,
 „   c: hexag.,   „   = ∞ 7,   „   = 20°,
 „   d: kub. flz.,   „   = ∞10,   „   = 400°,
 „   e: Nickel, Versuchstemperatur zunehmend,
 „   f: Kupfer,   „   „

ringerer Dichte an (b). Außerdem ordnen sich die Metalle auf der Kurve nach ihrem Atomgewicht ein. Das größte Atomgewicht entspricht der geringsten Festigkeit.

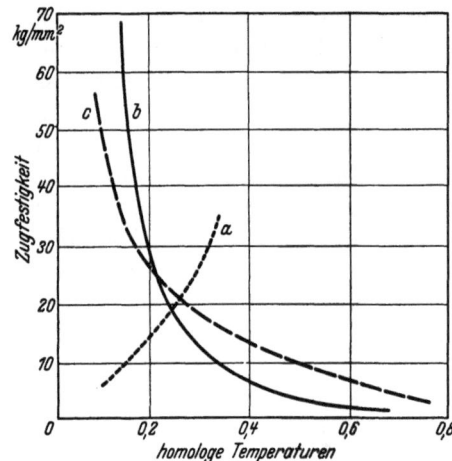

Abb. 4. Abhängigkeit der Festigkeit von Metallen von der homologen Prüftemperatur a) bei konstantem Atomradius, b) bei konstanter Dichte, c) bei konstantem Atomgewicht. Gültig für das kub. flächenz. System bei einer Prüftemperatur von 20°

Man muß hier, um die gestaltliche Wirkung auf die Festigkeit zu verstehen, die Beziehung zwischen Atomgewicht A, Dichte δ und Atomradius r beachten. Es ist

$$r = 0{,}733 \cdot 10^{-8} \sqrt[3]{\frac{A}{\delta}} \text{ cm}^1.$$

Die Verkoppelung dieser drei physikalischen Größen erschwert den Überblick. Es sind daher in Abb. 4 aus der vorigen Abbildung je eine Kurve für eine konstante Dichte, ein konstantes Atomgewicht und einem kon-

---

[1] G. Sachs: Grundbegriffe der mechanischen Technologie der Metalle. Leipzig 1925

[1] Vgl. G. Borelius: Handbuch der Metallphysik I, 1, S. 213. Leipzig 1935

stanten Atomradius herausgezeichnet worden, die für das kubisch-flächenzentrierte System gelten sollten. Es gibt natürlich viele solcher Kurven, die der Einfachheit halber fortgelassen sind, und zwar ordnen sich die fehlenden Kurven mit abnehmendem A, δ und r oberhalb, die mit zunehmenden Werten unterhalb der eingezeichneten Kurven ein. Jetzt erkennt man, daß die Kurve für $r =$ konstant (a) gegenläufig zu den beiden anderen liegt. Der Atomradius r ist ein Maßstab für die Gitterkraft (Kohäsion), Dichte δ und Atomgewicht A sind Maßstäbe für den Gleitwiderstand. Wird r unverändert gehalten, so wirken Dichte und Atomgewicht allein auf die Veränderlichkeit der Festigkeit ein, und zwar nimmt die Wirkung bei höheren Temperaturen stärker zu, weil hier die Gleitung begünstigt wird. Umgekehrt wirkt in den beiden links ansteigenden Kurven für $A =$ konstant und $\delta =$ konstant, die Abnahme von r festigkeitserhöhend und die Wirkung tritt erst bei tieferen Temperaturen verstärkt auf, weil hier die Gleitung unterbunden ist und die Trennbeanspruchung zur Geltung kommt.

Zusammenfassend ergibt sich im Hinblick auf Abb. 3 und 4, daß die Festigkeit mit der Abnahme des Atomradius größer wird, und zwar vornehmlich bei Metallen mit hohem Schmelzpunkt (geringe homologe Prüftemperaturen). Dieser Vorgang ist der Kohäsionswirkung zuzuschreiben. Eine Zunahme der Dichte und des Atomgewichts begünstigen die Gleitung als Folge der kinetischen Umgehung des Kohäsionswiderstands, die durch den Aufbaurhythmus dichtester Kugelpackung erzeugt wird. Diese Wirkung ist den Werkstoffen mit niedrigem Schmelzpunkt (hohe homologe Prüftemperatur) eigen.

Beachtlich erscheint die hieraus entstehende Folgerung, daß ein Werkstoff, der bei niedrigem Schmelzpunkt ebensoviel halten soll als ein anderer mit höherem Schmelzpunkt, eine geringere Kohäsion haben darf oder muß. Soll andererseits ein und derselbe Werkstoff bei hohen Prüftemperaturen die gleiche Festigkeit besitzen als bei niedrigen Temperaturen (hitzebeständige Stähle), so darf seine Kohäsion nicht geringer werden, weil nach Abb. 3 sich die Kurve (z. B. für 400° Prüftemperatur) nach rechts verschiebt.

Die Abb. 3 verlockt zu der Überlegung, daß man jetzt beliebige Metalle mit beliebigen Eigenschaften künstlich aufbauen könne, unabhängig von den uns von der Natur gegebenen Metallelementen. Jedoch sind die gegebenen Kurven nur in gewissen periodischen Abständen mit vorhandenen Metallen belegt. Zwischenschöpfungen sind mit Rücksicht auf das periodische System der Elemente nicht möglich. Aber auch von diesem Natursystem, das die Zahl der Elemente endlich begrenzt, haben wir mit der regelmäßigen Elektronenbesetzung von Kugelschalen, die den Atomkern umgeben, eine gestaltliche Vorstellung.

Das waren die Beziehungen bei reinen Metallen. Wie verhalten sich Legierungen zur Frage der Gefügegestalt? — In Abb. 5 ist der Härteverlauf in ein Konstitutionsschaubild eingezeichnet worden[1]. Die Härte

[1] Werte entnommen aus G. Sachs: Praktische Metallkunde III. Berlin 1934

nimmt nur in beiden Randgebieten, den homogenen Mischkristallgebieten zu, das heterogene Gebiet hat keinen weiteren Einfluß auf die Härte. Es ist bemerkenswert, daß gerade im heterogenen Bereich, wo das metallographische Schliffbild die ausgeprägtesten Unterschiede aufweist, die Härte unempfindlich ist und im homogenen Mischkristallgebiet, wo es im metallographischen Schliffbild keine Unterscheidungsmerkmale

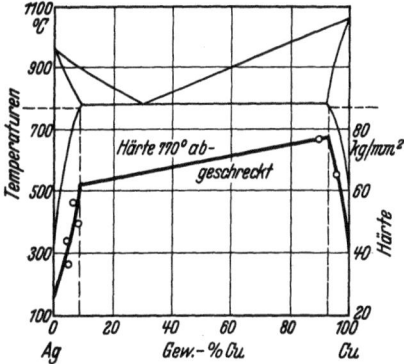

Abb. 5. Abhängigkeit der Härte von der Konstitution

gibt, die Härte am veränderlichsten ist. Hier hilft wieder die gestaltliche Betrachtung über die Lücke der Ursachen hinweg. Im homogenen Gebiet bleibt das Kristallsystem erhalten, es tritt nur ein Austausch von Atomen des einen Bestandteiles durch den anderen ein (Substitution). Die Nachbarschaft verschiedener Atome mit ungleichen Atomradien erzeugt nach U. Dehlinger elliptische Spannungszustände an Stelle der kugeligen, und es tritt wieder durch die gestaltliche Wirkung der Stäbchenform eine Behinderung des Gestaltrhythmus ein. Im heterogenen Gebiet erfolgt dann keine weitere Substitution mehr, es mischen sich nur beide Mischkristallarten von links nach rechts in wechselndem Zahlenverhältnis. Die gestaltliche Wirkung des Feingefüges hört nun auf. Die Wirkung des Grobgefüges (Korn) ist weniger relativ als die des Feingefüges.

Besteht die Legierung aus einer chemischen Verbindung, so ist die bis zur Regelmäßigkeit ausgeprägte Nachbarschaft verschiedener Bestandteile noch größer geworden und eine kinetische, an den Rhythmus der Kugelpackung gebundene, Verformung kann nicht eintreten. Chemische Verbindungen, auch wenn sie unter Aufgabe ihres Molekülcharakters als Kristalle vorkommen[1], sind bekanntlich immer spröde.

Wir sahen, daß die Gleitfähigkeit im Rhythmus der Aneinanderreihung isotrop gestalteter und unter sich gleicher Gefügevolumen (im feinsten wie im groben Sinne) begründet ist, und daß der Gleitrhythmus schon durch einen vom Aufbaurhythmus abweichenden physikalischen Atombau und durch die chemische Nachbarschaft verschiedener Elemente gestört werden kann. Sind Materialteile, die rhythmisch aufgebaut sind, mit Teilen anderer Bauart benachbart, so kann man von „Grenzflächenwirkungen" sprechen, welche den Gleitrhythmus an den Grenzen unterbrechen. Je enger die Grenzflächen liegen,

[1] U. Dehlinger: Naturwiss. Bd. 24 (1936) S. 391/95

je weniger gleitfähig ist der Stoff. Ein äußerster Fall stärkster Grenzflächenwirkung ist die chemische Verbindung und der amorphe Aufbau, weil hier schon die Grenzwirkung zwischen den Atomen beginnt. Ein Beispiel für gröberes Gefüge ist der Anstieg der Festigkeit mit zunehmender Kornfeinheit, wobei die Grenzfläche das einzelne Korn begrenzt[1]. Bei diesem Beispiel kann man dann durch Beeinflussung des Feingefüges innerhalb des einzelnen Korns auch auf die Dehnfähigkeit Einfluß nehmen.

Es gibt aber noch andere technisch sehr wichtige Grenzflächenwirkungen, das sind die dem technischen Werkstoff eigenen Lücken und Fremdkörper.

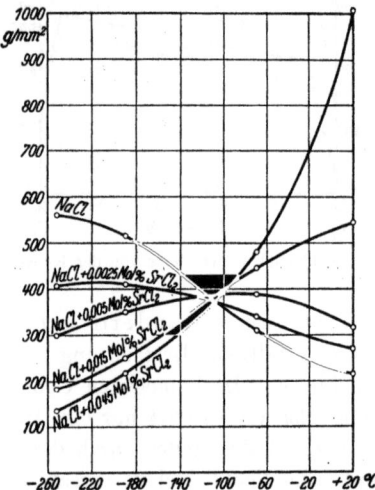

Abb. 6. Einfluß von SrCl$_2$-Zusätzen auf die Temperaturabhängigkeit der Zerreißfestigkeit synthetischer Steinsalzkristalle

Während die Festigkeit der plastischen Körper durch sie größer wird, weil sie den, dem Idealbau eigenen Gleitrhythmus stören, verringern sie die Festigkeit spröder Körper, weil sie deren Kohäsionsüberwindung begünstigen. Diese Umkehr der Wirkungen zeigt sich deutlich in der Abb. 6[1], in welcher Unreinigkeiten in Steinsalzkristallen bei niedrigen Temperaturen (links) also im spröden Zustand eine Festigkeitsabnahme erzeugen und bei höheren Temperaturen (rechts) im schon etwas plastischen Zustand die Festigkeit erhöhen.

Wie die Gestalt der Lücken auf die Festigkeit einwirkt, hat A. Smekal[2] in seiner „Bruchtheorie spröder Körper" eingehend gezeigt. Es wird da auch die spannungsthermische Zerreißfestigkeit gestaltlich begründet. Spannung und Temperatur bewirken Abwanderungen und Anlagerungen von Atomen, wodurch die Gestalt der Kerbe sich ändert und durch die damit verbundene Spannungsänderung die Kohäsionsüberwindung beeinflußt wird. Diese auf A. A. Griffith zurückgehende Trennungstheorie der Kerben hat G. I. Taylor versucht, auf den Gleitwiderstand zu übertragen, doch sind die Ergebnisse bisher nicht befriedigend ausgefallen[3]. Die hier beschriebene und gestaltlich begründete rhythmisch-kinetische Lösung scheint den Vorgängen in umfassenderer Weise gerecht zu werden, doch fehlt ihr noch die quantitativ-mathematische Lösung. Die thermische Beeinflussung der Lücken wirkt sich auf Trenn- und Gleitwiderstand verschieden aus, deshalb, weil die Gleitung als eine kinetische Umgehung der Kohäsion angesehen werden muß. Die technische Wärmebehandlung sollte sich dieser Erscheinung mehr und mehr bedienen.

Aus obigen Darlegungen erkennen wir, daß Kohäsion und Gleitung, also auch Sprödigkeit und Zähigkeit, auf gestaltliche Probleme der Gefügekunde zurückzuführen sind, daß Temperatureinflüsse auf die mechanischen Eigenschaften gestaltlich erklärt werden können und kommen daher zu der Schlußfolgerung, daß ein planmäßiger Aufbau eines solchen „Verfahrens" sich lohnt. Die gebräuchlichen Verfahren sind immer noch einseitig. Bei der mechanischen Prüfung, deren sich der Verbraucher bedient, hat er bisher die Kohäsion nicht berücksichtigt. Der Erzeuger hat bisher die gestaltliche Gefügebetrachtung außer acht gelassen und wird, wenn er sie in den Kreis seiner Verfahren einbezieht, notwendigerweise zu einer unterschiedlichen Berücksichtigung von Kohäsion und Plastizität kommen müssen.

---

[1] Bei Betrachtung dieser mechanischen Grenzflächenwirkung, welche den „festen" Werkstoff um so fester macht, je dichter verschiedenartige Gefügeteile aneinandergrenzen, sei auf eine gleichgerichtete physikalisch-chemische Grenzflächenwirkung hingewiesen, welche im 1. Beitrag dieses Heftes behandelt wird. Dort wird bei der Mischung fester Stoffe mit organischen Bindemitteln (bituminöse Straßenbeläge, Glaserkitt) das Produkt um so fester, je größer die Oberflächenentfaltung infolge Kleinheit und Anisotropie der Gestalt ist. Die gegenseitige Abstimmung der Oberflächen ergibt dann das dem Zweck angepaßte günstigste Mischungsverhältnis.

[1] A. Smekal u. W. Burgsmüller: Z. Physik Bd. 83 (1933) S. 313/20
[2] Z. Physik Bd. 103 (1936) S. 495/525. Festigkeitseigenschaften spröder Körper. Berlin 1936
[3] E. Schmid u. W. Boas: Kristallplastizität. Berlin 1935

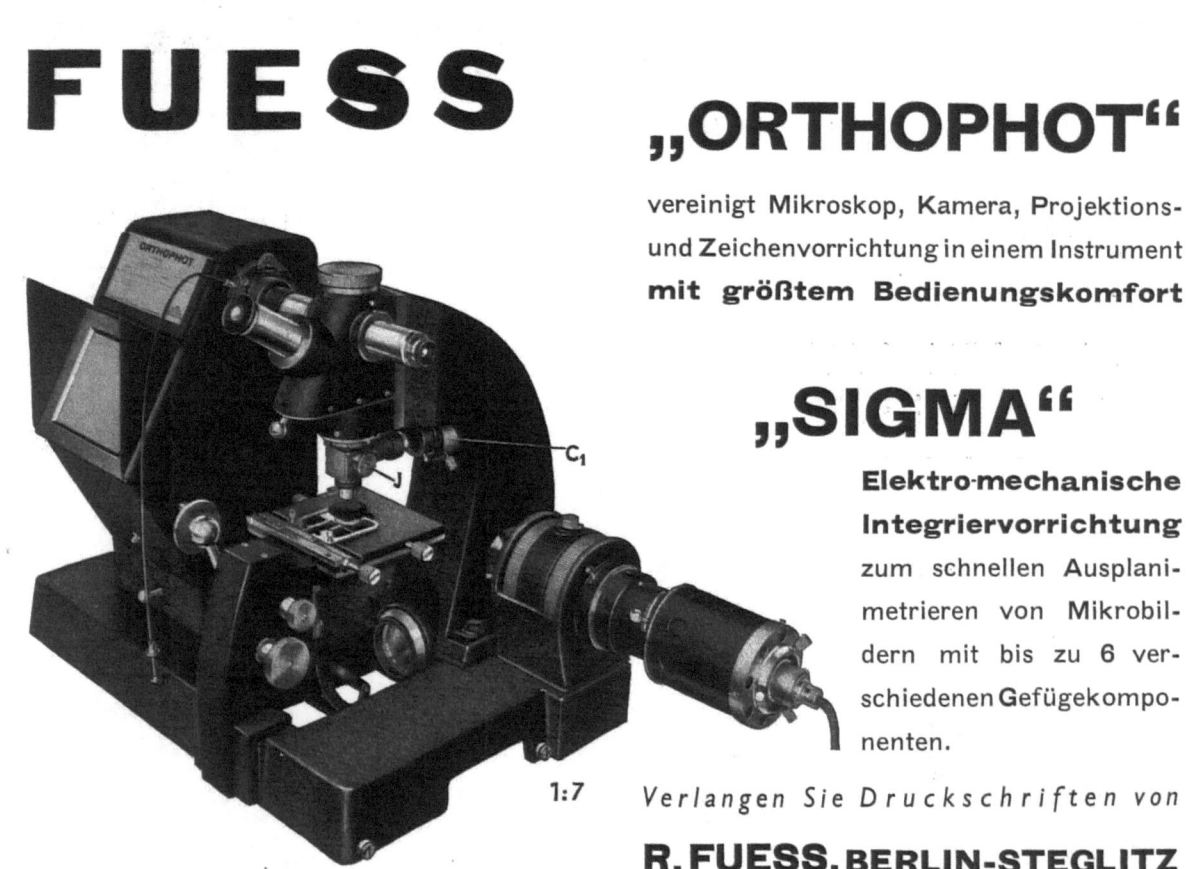

ORIGINAL ROCKWELL-HÄRTEPRÜFER

Normal-Modell, zum Prüfen von Werkstoffen aller Art

ORIGINAL SUPER-ROCKWELL

zum Prüfen dünner Einsatzhärteschichten, dünner Bleche und weicher Werkstoffe

Vollkommen in Deutschland hergestellt!

M. KOYEMANN NACHF., DÜSSELDORF
PUCHSTEIN & CO.

SIEMENS MESSTECHNIK

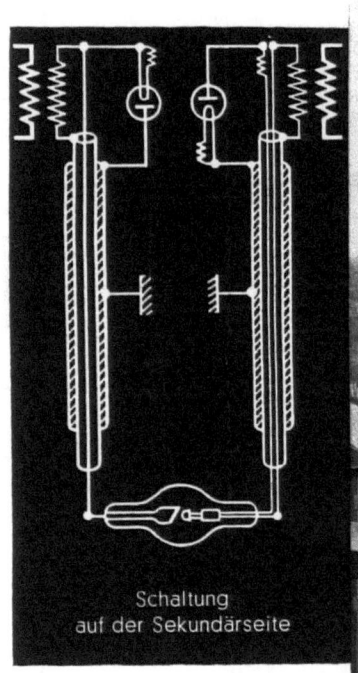

Schaltung auf der Sekundärseite

Transportable Grobstruktur-Röntgeneinrichtungen für den Stahlbau

zum Untersuchen von Schweißungen und Nietverbindungen an Trägern, Schienen, Bauteilen aller Art. Hochspannungsanlage zerlegbar in mehrere Einzelteile von geringen Abmessungen und niedrigem Gewicht. Leichte Handhabung, vollkommener Hochspannungs- und Strahlenschutz; widerstandsfähige, betriebssichere Bauart.

Untersuchung von Schweißnähten am Obergurt einer Brücke

SIEMENS & HALSKE AG · WERNERWERK · BERLIN-SIEMENSSTADT

Wir bauen und liefern

Prüfmaschinen und Prüfgeräte

nach den

Deutschen Normen für Portlandzement, Eisenportlandzement und Hochofenzement (DIN 1164)
Bestimmungen des Deutschen Ausschusses für Eisenbeton
Vorschriften für die Prüfung und Lieferung von Asphalt und Teer (DIN 1995/96)
Anweisungen für Mörtel und Beton (AMB) und
Anweisungen für die Abdichtung von Ingenieurbauwerken (AIB) der Deutschen Reichsbahngesellschaft
Richtlinien für Fahrbahndecken der Reichsautobahnen und anderen in- und ausländischen Vorschriften

CHEMISCHES LABORATORIUM FÜR

TONINDUSTRIE

PROF. DR. H. SEGER & E. CRAMER KOM.-GES.

ABT. PRÜFMASCHINENBAU

BERLIN NW 21, DREYSESTR. 4

DER NEUE HÄRTEPRÜFER
DIA-TESTOR

zur Prüfung aller Werkstoffe nach Brinell und Vickers. Die Zuverlässigkeit, die unbeschränkte Verwendbarkeit, die einfache Handhabung und die sofortige Ablesbarkeit der Härtezahlen auf der Mattscheibe sind Vorteile, die den DIA-TESTOR-Härteprüfer für den Werkstattgebrauch besonders geeignet machen.

Verlangen Sie unsere neue Druckschrift Nr. 904

HAHN & KOLB / STUTTGART
BERLIN · HANNOVER · LEIPZIG · MÜNCHEN · FRANKFURT/M.

Kennen Sie genau das Busch-Metaphot?

Das stabile Kamera-Mikroskop: zuverlässig wie eine gute Maschine

Geeignet für alle Objekte,
  aus jedem Werkstoff und in jeder Fertigungsstufe

Anwendbar für alle Beleuchtungsarten:
  Auflicht, Durchlicht, Schräglicht, polar. Licht

Mikroskop Kamera Lichtquelle
in einem einzigen Gerät!

Bitte fordern Sie ausführliche Liste F oder Vorführung in Ihrem Betrieb

EMIL BUSCH A.-G., Optische Industrie, RATHENOW

FEINMESS-INSTRUMENTE FÜR MATERIAL-PRÜFUNG
F. STAEGER
BERLIN-STEGLITZ
Telephon: G 2 Steglitz 3955

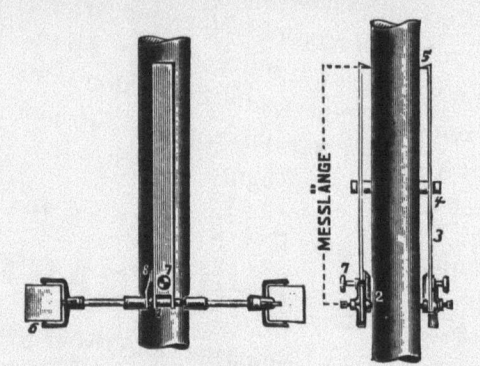

Spiegelapparate nach Martens / Dehnungsmesser nach Okhuizen / Messuhr nach Leuner-Staeger (50 mm Meßbereich) / Ritzhärteprüfer / Brinell-Mikroskope / Torsionsmesser usw.

Maschinen für die Baustoffprüfung
nach den verschiedenen **Normen und Vorschriften**

300-t-Betonprüfpresse mit Antrieb durch Elektro-Regelpumpe

OSCAR A. RICHTER
DRESDEN-A.1, Güterbahnhofstraße 8

 **Dilatometer Modell HTV zur thermischen Metall-Analyse**

das handliche Betriebsinstrument mit automatischer Registrierung

Reibungsfreie Steuerung

Exakte, leicht auswertbare Kurven

Vakuumeinrichtung

Tieftemperatur-Messungen

Fordern Sie unser unverbindliches Angebot!

Ernst Leitz, Wetzlar, Abt. Metallographie

If you have any concerns about our products,
you can contact us on
ProductSafety@springernature.com

In case Publisher is established outside the EU,
the EU authorized representative is:
Springer Nature Customer Service Center GmbH
Europaplatz 3, 69115 Heidelberg, Germany

Printed by Libri Plureos GmbH
in Hamburg, Germany